日本木瓜制造·著

孔晓霞·译

考拉宝宝心理图鉴

科学解读婴幼儿的智力与心理发展

中国经济出版社
CHINA ECONOMIC PUBLISHING HOUSE

·北京·

图书在版编目（CIP）数据

考拉宝宝心理图鉴：科学解读婴幼儿的智力与心理发展 / 日本木瓜制造著；孔晓霞译 . -- 北京：中国经济出版社，2022.1

（全球教子智慧书系）

ISBN 978-7-5136-6689-3

Ⅰ. ①考… Ⅱ. ①日…②孔… Ⅲ. ①婴幼儿心理学②婴幼儿－家庭教育 Ⅳ. ① B844.11 ② G781

中国版本图书馆 CIP 数据核字（2021）第 207309 号

著作权合同登记号 图字：01-2021-5969

选题策划 崔姜薇
策划编辑 张 博
责任编辑 黄傲寒
责任印制 马小宾
封面设计 任燕飞装帧设计工作室

出版发行 中国经济出版社
印 刷 者 北京富泰印刷有限责任公司
经 销 者 各地新华书店
开 本 880mm × 1230mm 1/32
印 张 7.875
字 数 83 千字
版 次 2022 年 1 月第 1 版
印 次 2022 年 1 月第 1 次
定 价 58.00 元
广告经营许可证 京西工商广字第 8179 号

中国经济出版社 **网址** www. economyph. com **社址** 北京市东城区安定门外大街 58 号 **邮编** 100011
本版图书如存在印装质量问题，请与本社销售中心联系调换（联系电话：010-57512564）

前　言

PREFACE

婴幼儿的未来充满了可能性。

作为父母，我们都希望把自己孩子的可能性尽量地放大。

最新的研究表明，婴幼儿有着惊人的潜能。父母好好利用孩子的潜能帮助孩子成长，会使孩子的人生更加丰富。

人们常常担心，那些仅凭自己养育孩子的经验写成的育儿书是否可信，又觉得具有科学背景的专业书内容有点晦涩，读起来比较费劲。对于本书，您大可不必有这样的担心，我们以认知心理学和发展心理学为基础，运用跨学科的各种知识，本着“把科学变得更简单”，助力婴幼儿智力发展的宗旨编写了这本书。

许多有关婴幼儿教育的书都是按照婴幼儿的月龄写的，但这本书并没有按照月龄写。因为如果按照月龄写，很多人就会只关心针对自己孩子月龄的那部分内容，而不去阅读书中的其他内容了。

本书分为4章。

第一章“婴幼儿的行为与性格”，描述了婴幼儿不可思议的行为以及能力发展、性格形成的机理等内容。

第二章“婴幼儿的感觉、认知及语言能力发展”，以婴幼儿的知觉和语言为焦点，介绍了婴幼儿知觉发展和语言学习的机理、婴幼儿喜欢的东西以及为什么喜欢。

第三章“有关婴幼儿智力发展的育儿心理学”，从心理学和脑科学的角度描述了有助于婴幼儿智力发展的养育方法以及父母需要注意的问题。

第四章“有益于父母成长的育儿心理学”，为父母讲述了育儿理念以及有益的育儿方法。

这本书不仅是为处于备孕期的夫妻和0~3岁婴幼儿的父母而写的，对婴幼儿发育规律感兴趣的人及所有的读者，这都是一本可以轻松阅读的教育类图书。希望读者能够与我们分享孩子在智力发展过程中各种不可思议、有趣的现象和行为，理解这些现象和行为背后的原因，并和我们产生共鸣。

本书分别使用了“婴儿”“幼儿”“孩子”等词汇，在这里进行说明：我们把刚出生到1岁的孩子称为“婴儿”，把1岁至3岁的孩子称为“幼儿”，不特指某个年龄段时，则称为“孩子”。

木瓜制造

目　录
CONTENTS

前　言

角色介绍

绪　论　欢迎来到宝宝的神奇世界

01　胎儿在妈妈肚子里“很嗨”　002

02　为什么婴儿出生后不能马上站起来　006

03　婴儿用嘴“看”东西　010

专栏 1　不可思议的模仿效果——镜像神经元　014

第一章　婴幼儿的行为与性格

01　婴儿为什么看起来很可爱　018

02　孩子的性格取决于养育方法吗　022

03　父母过于强势，孩子会丧失自主性　026

04 为什么家里的第一个孩子都比较懂事 030
05 与生俱来的“气质” 034
06 会坐、会爬——孩子的发育因人而异 038
07 在婴儿出生三四个月后消失的原始反射 042
08 为什么婴儿会持续做同一个动作 046
09 婴儿微笑中隐藏的信息 050
10 婴儿爱哭的原因 054
11 婴儿为什么会在黄昏时哭闹 058
12 左撇子和右撇子是怎么形成的 062
13 孩子为什么会依恋毛绒玩具和毛巾 066
专栏 2 “临界期”和语言学习 070

第二章 婴幼儿的感觉、认知及语言能力发展
01 婴儿感觉器官的发育 074
02 成年人依靠视觉行动，婴儿依靠听觉行动 078

03 婴儿更喜欢女性的声音 082
04 婴儿更喜欢条纹图案 086
05 对婴儿而言妈妈的脸是最特殊的 090
06 婴幼儿为什么“认人” 094
07 婴儿为什么喜欢红色和黄色 098
08 与形状相比，婴幼儿更喜欢颜色 102
09 人为什么没有婴幼儿时期的记忆 106
10 婴儿学习语言的基本原理 110
11 父母应该经常给婴幼儿读绘本 114
专栏 3 女孩真的比男孩爱说话吗 118

第三章 有关婴幼儿智力发展的育儿心理学
01 希望孩子智力提升的育儿心理 122
02 父母的敏感性会影响婴儿的成长 126
03 大脑聪明是遗传的吗① 130

04 大脑聪明是遗传的吗② 134
05 总是被抱着，婴儿会形成习惯吗 138
06 教孩子有规矩的方法① 142
07 教孩子有规矩的方法② 146
08 不要批评，要表扬 150
09 肯定孩子的行为，能帮助孩子进步 154
10 孩子总说“不”“不行”，父母怎么办 158
11 电视对孩子有百害而无一利吗 162
12 孩子喜欢的玩具 166
13 孩子为什么喜欢火车 170
14 应该把孩子的房间装饰成什么颜色 174
15 培养孩子知性气质的音乐教育 178
16 超前教育的可行性和危害性① 182
17 超前教育的可行性和危害性② 186
专栏4 父母一时控制不住脾气斥责了孩子之后，应该如何补救呢 190

第四章 有益于父母成长的育儿心理学

01 对养育男孩感到不安的妈妈 194
02 环保育儿法 198
03 爸爸如何快速抓住孩子的心 206
04 抑制妈妈焦躁感的颜色魔法 210
05 家庭和睦与妈妈的好心态 214
06 夫妻关系与爸爸的育儿心理 222
07 妈妈的育儿朋友圈 230

结束语 234

参考文献 236

角色介绍

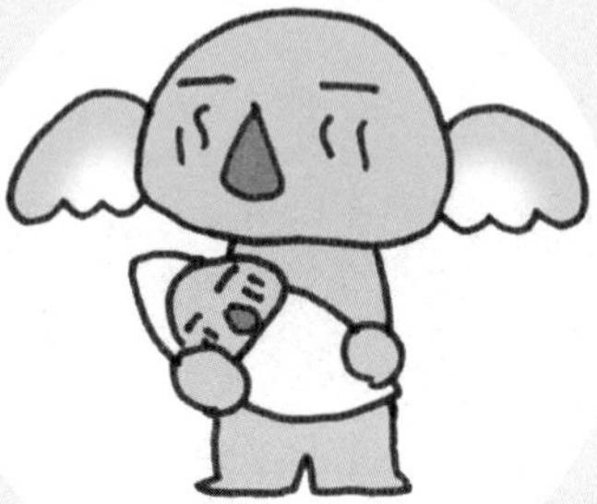

用心的考拉

考拉爸妈性格敏感，不善于与其他动物交流。考拉妈妈工作很忙，考拉爸爸积极参与育儿。虽然是有袋类动物，但考拉爸妈却不知道如何育儿，一直处于困惑不安的状态。

戴围脖的蜥蜴

塔斯马尼亚的比比鲁

棒子袋鼠

蜥蜴总是围住比自己强的对手，经常得意忘形。看到围脖蜥蜴受到欢迎，他自己也戴上围脖。他的围脖随时可摘。最近他总被残暴的棒子袋鼠捉弄。

本来生息在塔斯马尼亚岛上的比比鲁，集体来到日本，不断繁殖。他们正为不知如何育儿而烦恼。

棒子袋鼠是有袋类动物，长着红褐色的毛，戴着大大的墨镜，以自我为中心，具有攻击性。小袋鼠一出生就很凶残，经常和爸爸妈妈一起威胁其他动物。棒子袋鼠爸爸正在戒烟。

0

绪　论

欢迎来到宝宝的神奇世界

01 胎儿在妈妈肚子里"很嗨"

胎儿不可思议的行为

心理学家和脑科学家通过各种研究发现，胎儿在妈妈肚子里时有许多不可思议的行为。

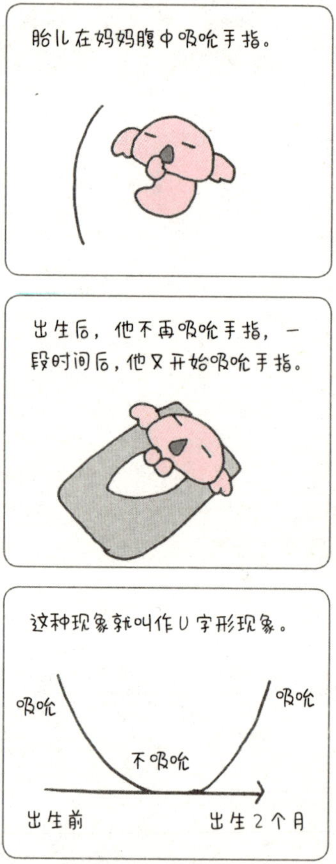
1
胎儿在妈妈腹中吸吮手指。
2
出生后，他不再吸吮手指，一段时间后，他又开始吸吮手指。
3
这种现象就叫作U字形现象。
吸吮
吸吮
不吸吮
出生前
出生2个月

在妊娠 20 周时，妈妈开始感觉到胎动，而实际上，胎儿在妈妈感觉到胎动之前就会动了。在妈

4 5 6

妈妊娠约 8 周时，胎儿的手脚开始活动，到了 15 周左右，许多胎儿开始吸吮手指，同时，胎儿虽然在子宫内不呼吸，却有着像呼吸、在子宫内爬一样的动作。吸吮手指、爬行等动作会一直持续到其出生。

婴儿在出生后 2 个月左右，开始吸吮手指，在出生后 8 个月左右，又开始爬行。“在胎内爬”“刚出生不会爬”“几个月后再会爬”，这种胎儿的某些行为在胎内曾经有过，而在出生时消失，出生几个月后再次出现的现象叫作“**U 字形现象**”。

胎儿在妈妈腹中喝羊水、撒尿、再喝羊水，这是在练习消化。实验证明，如果在羊水中掺入白糖，胎儿喝羊水的量就会增加。

孕妇生产前开始感到的阵痛源于胎儿的肺泡表面活性物质。

肺泡表面活性物质是使婴儿出生后能够开始呼吸的必要物质。胎儿的肺成熟后，其肺泡表面活性物质被排到子宫内，引发母体的阵痛。

如果说母体阵痛有一个“开关”，那么按下这个“开关”的或许就是胎儿。从某种意义上讲，胎儿的行为能力远远超出我们的想象。

U字形现象是指爬行、吸吮手指这些胎儿在妈妈肚子里的行为，在其出生后会马上消失，在之后再次出现的现象，人们把这种现象叫作“U字形现象”，因为这种趋势变化曲线呈现U字形。

02 为什么婴儿出生后不能马上站起来

解读生理性早产

人类是在未发育成熟的状态下出生的。马和牛等动物一出生就能站立，自己去找妈妈吃奶；而人类从出生到会爬，需要 7 个月以上的时间，到完全会走则需要近 1 年的时间。这是为什么呢？

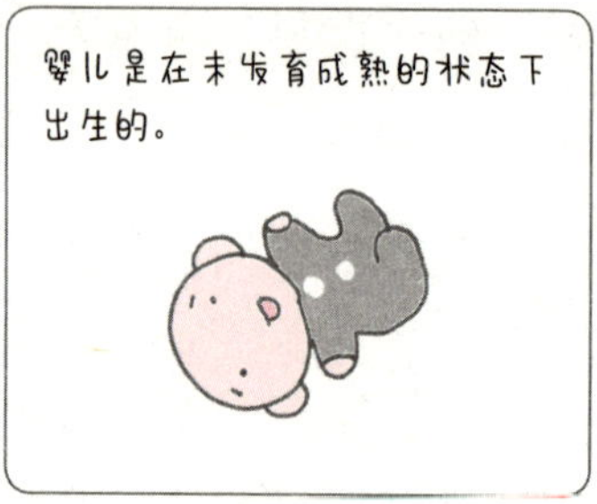
婴儿是在未发育成熟的状态下出生的。

1

从出生到会走路，需要近1年的时间。

2

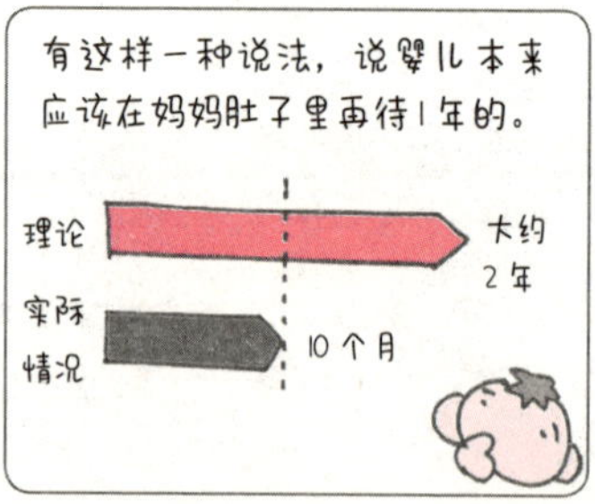
有这样一种说法，说婴儿本来应该在妈妈肚子里再待1年的。
理论
大约2年
实际情况
10个月

3

一般来说，有天敌的动物，为了生存，具备一出生就可以行动的运动能力。人类是否因为没有天敌，才在未发育成熟的状态下出生呢？

答案有些令人意外。

人类的祖先从树上到地面，开始用两条腿走路，使用工具，过上了狩猎、食肉的生活，大脑逐渐变得更加发达。开始用两条腿走路后，女性的骨盆和产道相应地变窄了，而胎儿脑袋太大，不容易被生出来，所以，必须在胎儿脑袋变得更大之前将其生出来。据此，人类是在未发育成熟的状态下出生的。

刚刚出生的婴儿，脖子支撑不住脑袋，也不能站立、行走。如果婴儿想要一出生就能行走，还需要在妈妈肚子里再待 1 年。瑞士生物学家阿道夫·波特曼把人类这种在未发育成熟状态下出生的现象称作“**生理性早产**”。

人类从出生到获得最基本的运动能力，需要 1 年左右的时间，而想要在文明社会的经济活动中自立，还需要更长的时间（一般需要 18 年至 20 年）。

正因如此，在孩子的身体、心理和智力发展的过程中，父母与孩子的关系以及家庭环境非常重要。

人类如果想要在具备运动能力的状态下出生，需要在妈妈肚子里再待一年。可是，人类大脑越来越发达，胎儿头部变大；与此同时，人类用两条腿行走后，骨盆变窄。因此，人类在未发育成熟的状态下出生，就成了必然现象。

03 婴儿用嘴“看”东西

婴儿具备的惊人能力

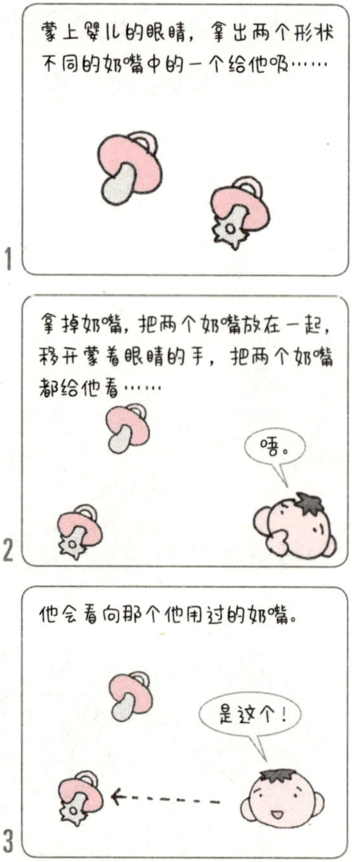

1
蒙上婴儿的眼睛，拿出两个形状不同的奶嘴中的一个给他吸……
2
拿掉奶嘴，把两个奶嘴放在一起，移开蒙着眼睛的手，把两个奶嘴都给他看……
唔。
3
他会看向那个他用过的奶嘴。
是这个！

婴儿不仅有不可思议的行为，还有着令成年人意想不到的惊人能力。

英国谢菲尔德大学的研究表明，成年人觉得所有猴子的脸长得都一样，而婴儿却可以分辨每只猴子的脸。这是因为，成年

人没有经常看猴子的脸，没有注意每只猴子脸部的细微差别。这与我们亚洲人看到欧美足球运动员的脸，觉得他们都长得一样，是相同的道理。婴儿则不同，出生后2个月的婴儿，见到并不常见的猴子，就具备能够识别不同猴了的脸的能力。

我们蒙上婴儿的眼睛，给他[1]奶嘴，然后把他用过的奶嘴放在与奶

① 本书在指代男孩或女孩时，为方便读者阅读，没有使用“他／她”的表述形式，而统一使用“他”。

婴儿用嘴“看”东西

嘴形状不同的物品中，再移开蒙着婴儿眼睛的手，大约 80% 的婴儿的视线会朝向他自己用过的奶嘴。也就是说，婴儿不仅是用眼睛看东西，他们的嘴也可以“看”东西。一个刺激会引起大脑几个部位的活动，这种感觉叫作“**共感**”，共感力是婴儿所具备的一种特殊的能力。

婴儿的听觉也很发达。出生后不久，婴儿就可以区分母语和非母语，还可以区分英文字母的“R”和“L”等发音上微妙的不同。许多成年人学了好多年英语还是分不清这些发音，婴儿却可以轻易地分辨出来。

可是，这些能力大部分会在人的成长过程中消

失，这种现象被称作“**修剪现象**”。在人的成长过程中，这些不必要的能力仿佛被一把无形的剪刀“修剪”掉了。

共感是指人从触感中获得视觉信息等，一个刺激引起大脑几个部位活动的现象。这是在人类大脑系统的功能尚未完全分离时出现的现象。成年人中也有少数人可以通过听到声音感知颜色、通过看到文字感知颜色。

专栏1

不可思议的模仿效果——镜像神经元

你对他笑，他也会对你笑。你对他做出要哭的样子，他也做出要哭的样子。婴儿看到别人的行为，就像自己亲身体验了一样，反馈到大脑，大脑出现活跃的反应。这是一种叫作镜像神经元的神经细胞在起作用。

你在婴儿面前伸出舌头，婴儿会学着你伸出舌头，婴儿有这种模仿行为正是镜像神经元这种神经细胞在起作用。研究人员推测，镜像神经元在婴儿出生后 12 个月左右形成，开始帮助婴儿理解他人的行为。但是，这种功能目前还在被研究的过程中，还有许多谜题，等待我们早日破解。

为什么一个家庭里的第一个孩子都比较懂事？

婴儿“笑”的真正原因是什么？

为什么婴幼儿会依恋毛绒玩具和毛巾？

让我们来了解一下婴幼儿的这些行为背后的原因吧。

1

第一章

婴幼儿的行为与性格

01 婴儿为什么看起来很可爱

解读婴儿图式

“婴儿好可爱！”这是大家看到婴儿后常有的想法。可是，为什么我们看到婴儿会觉得可爱呢？

实际上，婴儿有令成年人觉得他可爱的特征，比如“大脑袋”“圆

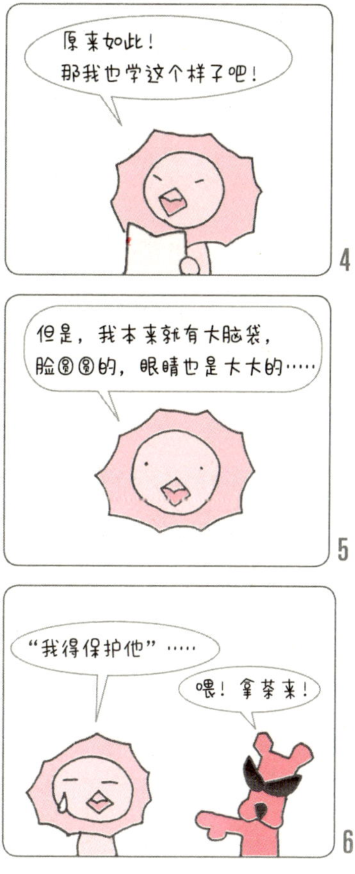

圆的脸”“两眼距离比较远”“脸部各个‘零件’位置较低”等。

奥地利动物学家康拉德·扎卡里亚斯·洛伦兹给这类特征起了个名字，叫**“婴儿图式”**。

看到婴儿，许多人会产生“他们很弱小，必须帮助他们”的念头。这是人类的一种本能。正因如此，不具备这种“婴儿图式”特征的早产儿受虐待的概率比较高，这令人感到非常遗憾。

纽约州立大学进行过一项非常有趣的研究。他们向多位男士展示数个婴儿的照片，让他们指出哪个孩子最可爱，每位男士选出的几乎都是把他自己成年的照片修成婴儿时期模样的那张照片。

妈妈会因为“婴儿是自己生的”这种实际感受，对婴儿倾注她的爱，而不是因为婴儿长得像自己就对婴儿抱有好感；爸爸却会因为“婴儿长得像自己”而觉得婴儿可爱。

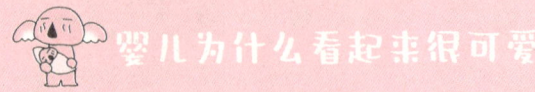

不仅是婴儿，即使是成年人，如果有圆脸、大眼睛、小鼻子、宽额头、短下巴等特征，也往往会被人们认为可爱。

我们觉得婴儿可爱，是源于这些潜在的原理。

婴儿图式

婴儿图式是动物学家康拉德·扎卡里亚斯·洛伦兹所定义的婴儿的样貌特征。看到具有“大脑袋”“圆脸”“两眼距离远”等特征的婴儿，人们会自然地觉得“他很可爱”和“想要保护他”。

02 孩子的性格取决于养育方法吗

人的性格是先天形成的，还是养育方法决定的

考拉对育儿没有自信……
用自己的方法养育孩子，孩子的性格会不会扭曲？考拉爸爸非常不安。
怎么办？
性格是先天遗传和养育方法两方面的因素决定的。
先天遗传
养育方法

孩子在成长过程中，开始出现一贯性的行为倾向和独立的思考倾向，这就是性格。如果孩子的性格与父母的设想不一致，父母往往会认为自己的养育方法出错了。

然而，孩子的性格

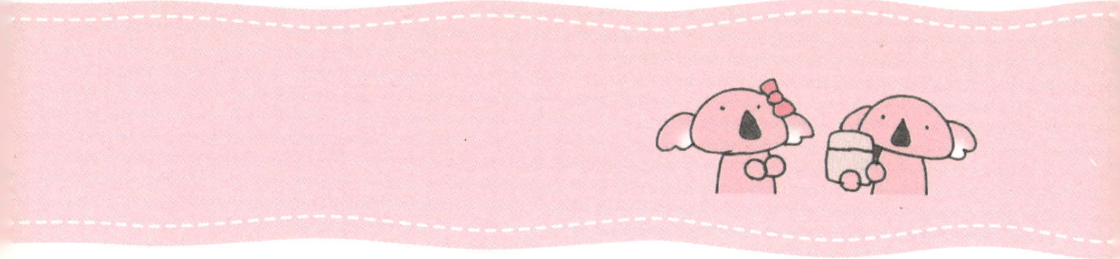

真的取决于父母的养育方法吗？没有先天因素的影响吗？

事实上，孩子的性格受到先天遗传和养育方法两方面的影响。最初，孩子的性格有很明显的先天倾向，但之后会因为后天的因素发生很大的变化。

影响孩子性格的主要因素包括父母的养育方

法（养育态度）和育儿环境。孩子受影响的程度因人而异，不同的父母的养育态度也不同。

研究表明，父母的养育态度对孩子性格的形成有一定影响。比如，被“娇惯孩子的父母”养育的孩子，会有幼稚、任性的性格倾向，不容易自立。这是因为他们在成长过程中一直被父母宠着，可以任意地做自己喜欢做的事情。

对于孩子性格形成影响因素的重要性，许多研究人员都认为“遗传”和“养育方法+环境”平分秋色。

因此，虽然养育方法对孩子的性格形成有很大的影响，但我们也不能单纯地认为孩子的性格只取决于养育

方法，最好不要过度强调养育方法的作用。我们要客观地分析孩子的心理以及学习的机理，顺其自然地对待孩子。

性格

在心理学中，“性格”是一个不容易被理解的名词。实际上，心理学家尚未明确给出“性格”的定义。即使是简单地总结，也只能定义为：“在对人、对事的态度和行为方式上所表现出的心理特点。”

03 父母过于强势，孩子会丧失自主性

父母的养育态度对孩子的影响

研究表明，父母的养育态度和孩子的性格倾向有一定的因果联系。日本心理学家诧摩武俊将各种研究进行了整理和归纳，得出的结论如下。

“强势的父母”养育

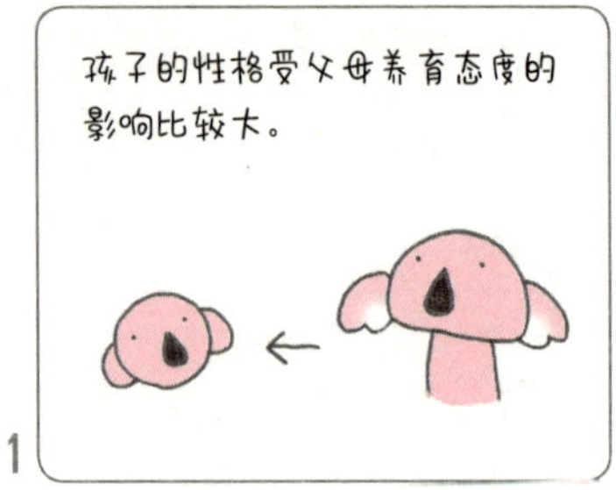
1
孩子的性格受父母养育态度的影响比较大。

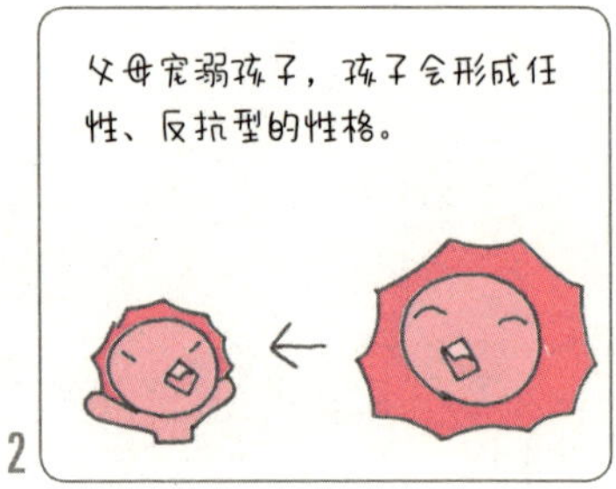
2
父母宠溺孩子，孩子会形成任性、反抗型的性格。

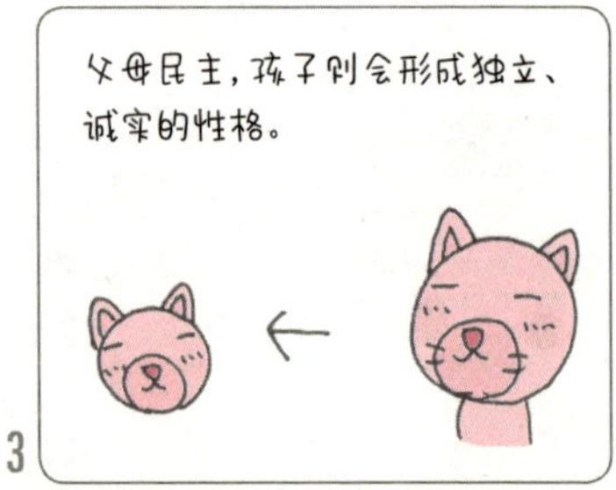
3
父母民主，孩子则会形成独立、诚实的性格。

的孩子，往往有服从性强、没有自主性、依赖性强的性格倾向；“娇惯孩子的父母”养育的孩子，往往有任性、叛逆、幼稚的性格倾向；“过度干涉型的父母”养育的孩子，往往有依赖性强、神经质的性格倾向；“民主的父母”养育的孩子，往往会成为具有独立性、正直、爱合作、情绪稳定的孩子；“专制型父母”

养育的孩子，往往具有依赖性强、反抗性强、情绪不稳定的性格倾向。父母的养育态度虽然不能决定孩子的性格，但一定会对孩子的性格形成产生较大的影响。

很多父母想把自己的孩子培养成诚实、听话、顺从的“好孩子”，让孩子学会忍耐，成为“可以控制感情的孩子”。然而，这只不过是父母按照自己的想法，不自觉地朝着培养“好孩子”的方向养育孩子。同时，也有父母对“好孩子”的定义却是：具有社会生存能力和能够坚持己见的孩子。

这些不同的观念源于不同国家、不同的社会文化背景，我们不能简单地判断它们是“好”还是“不

好”。但是，父母对孩子的期待存在很大的差异，作为父母，应该不断提醒自己，不要无意中对孩子的要求太过头了。

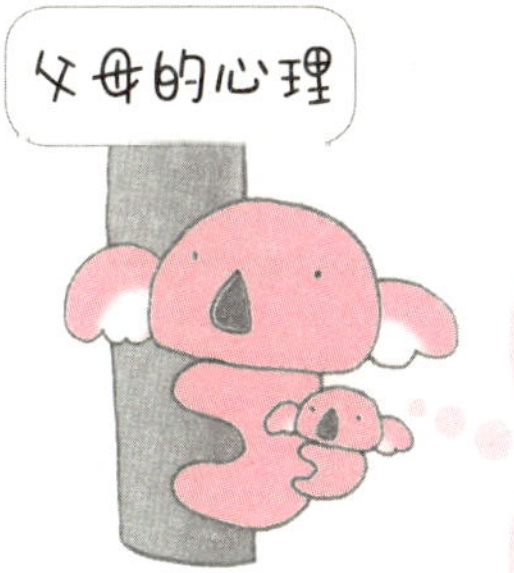

很多父母追求的“好孩子”的标准，就是“对长辈顺从、能够控制情绪、懂礼貌”。这是因为父母希望培养“好养育的孩子”，同时，父母一直很在意别人怎样看待自己的孩子，认为自己理想中的好孩子也是社会所期待的好孩子。

04 为什么家里的第一个孩子都比较懂事

孩子的出生顺序和性格倾向

与父母的养育态度相关，还有一个影响孩子性格形成的因素，那就是孩子出生的顺序。人们经常说“老大懂事”“老幺会撒娇”。这是因为出生顺序以及父母养育态度的不同影响了孩子的性格。

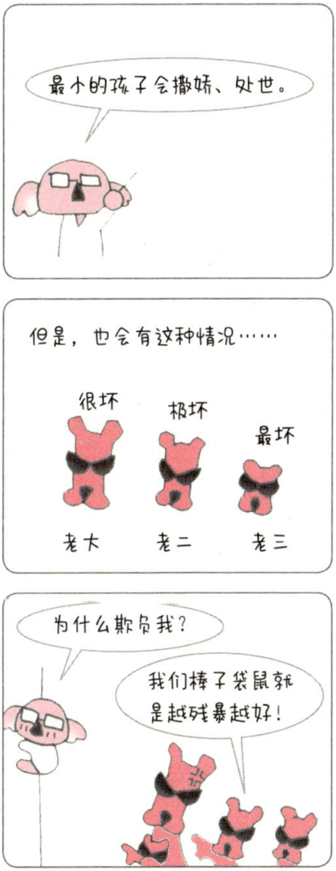

对最先出生的孩子，无论是男孩还是女孩，父母往往会有过多的期待，而第一个孩子为了回应父母的这种期待，也会成为一个一直努力的人。有了更小的孩子后，父母会期待第一个孩子照顾弟弟妹妹，这样一来，第一个孩子往往很会照顾人。这些都与第一个孩子为什么懂事有关。

同时，第一个孩子也

会有“不给别人添麻烦”“想要什么也不说出来，自己忍着”等自我约束的性格倾向。有些孩子则会因为父母的过度干涉，形成神经质的性格。

在心理学中，父母对孩子的这种期待被称作“**发展期待**”。

许多父母不知不觉都会有这种“发展期待”。在日常生活中，他们的这种期待会被无意识地传递给孩子，对孩子的性格形成产生影响。

有些父母还经常把家里的老二和老大做比较，这样一来，老二就会形成很强的竞争心理，有的孩子会形成和哥哥姐姐相反的性格。如果父母坚持一种宽松的育儿方式，孩子就会具备适度的自我主张能力，形成爱社交

的性格。家中老二一般都比较擅于与人交流，爱思考。

父母一般都会娇惯最小的孩子，因此，最小的孩子容易形成比较幼稚和任性的性格。如果最小的孩子想要什么父母就给他什么，他则会挑肥拣瘦，还可能成为不思进取的人。

发展期待

“发展期待”是指父母和周围的人对孩子成长方向的期待。比如“你不一定要学习好，但是我希望你成为一个能够理解他人心情的孩子”等，父母对孩子成长方向的期待，即使不说出口，也会在日常与孩子的接触中被传递给孩子，对孩子的性格形成产生较大的影响。

05 与生俱来的“气质”

作为孩子性格基础的初始性格

父母的养育态度对孩子的性格有一定的影响。但是，除此之外，孩子的性格形成还受先天因素的影响，我们把出生后不久受遗传因素影响出现的性格称作“**气质**”。“气质”主要受遗传因素的影响，

在孩子出生后4个月左右会被表现出来。

有研究人员认为，虽然父母的养育态度会影响孩子的性格形成，但是遗传因素的影响更大。美国明尼苏达大学的研究团队做了长期跟踪调查，研究表明，即使一对双胞胎在不同的家庭长大，他们在性格上还是有许多相同的特征。此外，根据对孩子进行的跟踪调查，可以发现，即使孩子成长到高中阶段，其出生后 4 个月左右出现的性格倾向仍然存在。

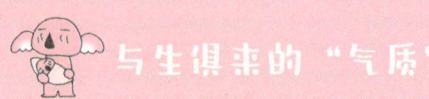

美国心理学家、佐治亚大学心理学教授戴维·谢弗把孩子的性格分成随和、乖戾、被动 3 种类型，目的是强调要根据孩子不同的性格，对他们采取不同的对待方式。比如，对于乖戾的孩子，父母对他发脾气，可能会使他更加逆反，所以父母应该冷静地和他慢慢讲道理。

美国小儿科医生托马斯和美国精神病学家切斯也将孩子分成 3 类，将可以很快适应环境、生理节奏稳定的孩子归类为“容易型”，将不容易适应环境，但反应稳

定、不活跃的孩子归类为“困难型”，将生理节奏不规律、反应不稳定、不容易适应环境的孩子归类为“迟缓（乖戾）型”。

“气质”是指孩子在出生3至4个月后表现出的性格特征。父母的养育态度和养育环境会对孩子的性格形成产生影响，同时，孩子的“气质”也会成为其性格形成的基础。

06 会坐、会爬——孩子的发育因人而异

孩子运动能力的个体差异

孩子成长到3个月左右，脖子可以支撑脑袋。
1
7个月左右会坐，8个月左右会爬。
2
我家的孩子发育有点儿慢……
3

孩子的发育速度很快，脖子能支撑脑袋了，他就要扶着东西坐起来，再过不久，他自己就能坐起来了；父母刚看到他摇摇晃晃地想要站起来时，他马上就会扶着东西站起来了；不知不觉中，他就

可以一个人走路了。

看着孩子快速成长，父母会觉得“我们家的孩子真了不起，昨天还不会做的事情，今天就会做了。”对于孩子的这种惊人的成长速度，父母非常欣喜、非常满足。之后，父母会期待孩子更快发育，还会和其他孩子做比较，在看到自己的孩子比其他孩子发育得早或晚的时候，父母也会或喜或忧。

会坐、会爬——孩子的发育因人而异

人们往往是根据固有印象对事情进行判断的。对于运动能力发展早的孩子，人们会认为其智力也相对较高。在 20 世纪 50 年代，人们认为人的智力和运动能力有密切的关系。事实上，孩子的站立和行走能力不取决于智力，而主要是受遗传因素的影响，同时，也受孩子“气质”的影响。比较老实的孩子学会走路往往比较晚，而活泼的孩子学会走路比较早。孩子在性格发展方面因人而异，在运动能力的发展方面也同样。许多心理学家和科学家告诉我们，父母不要拿自家孩子去和其他孩子比较，应该静静地守护孩子，让孩子自然地发育成长。

许多育儿书把孩子运动能力的发展时期描述为“孩子长到 3 个月左右时，脖子能支撑脑袋……8 个月左右孩子会爬”。这是根据孩子发育阶段的平均值做出的估算。

实际上，有的孩子会早几个月发育，有的孩子会晚几个月发育，我们并不一定要拘泥于这个平均值去评价孩子的发育水平。在给孩子进行定期体检时，如果上一次记录的发育项目的发育水平这次并没有提高，父母可以向医生咨询一下出现这种情况的原因。

孩子发育很快。3个月左右，孩子的脖子就能支撑脑袋，4个月左右孩子可以靠着东西坐起来，7个月左右孩子可以自己坐起来，8个月左右孩子会爬，10个月左右孩子可以扶着东西站起来，11个月左右孩子可以扶着东西走路。但是，每个孩子的发育阶段不会完全一样，存在着一定的个人差异。

07 在婴儿出生三四个月后消失的原始反射

解读婴儿特有的原始反射

1
只有婴儿才会有原始反射。
2
只要是嘴唇碰到的东西，婴儿都会去吸吮。
3
快要掉下去时婴儿会做出要抱住人的动作。

成年人逗婴儿时，会试着把手指放进婴儿嘴里，这时，婴儿会本能地吸吮成年人的手指。有时成年人看到婴儿吸吮手指，会认为婴儿饿了。然而，婴儿的这些行为并不是有意的，而是婴儿特有

的生理性条件反射。我们把这种只有婴儿具有的条件反射称为**原始反射**。我们来看一下比较典型的原始反射现象。

- **抓握反射**：当你摸婴儿的手心或脚心时，婴儿会不自觉地做出握的动作。
- **自动步行**：当你用手架起婴儿的两个腋窝，让他的脚接触地板时，婴儿会做出走路的动作。

在婴儿出生三四个月后消失的原始反射

- **莫罗反射**[1]：当你支撑着婴儿的头部和背部，做出要放手将婴儿扔下的动作时，婴儿会张开双臂，做出想要抱住你的动作。
- **吸吮反射**：无论嘴唇碰到什么，婴儿都会做出吸吮的动作。

一般来说，原始反射在婴儿出生三四个月后会消失。婴儿出生 3 个月后，父母带婴儿去医院小儿科做的定期检查中，就包括了对婴儿是否还有原始反射进行检查的项目。为什么婴儿会有这种原始反射呢？婴儿出生后，立刻就会抓住东西、立刻就会吃奶，这些都是婴儿要生

---

① 莫罗反射是人类婴儿原始反射的一种，又名惊跳反射。这是一种全身动作，在婴儿仰面躺着的时候看得最清楚。对突如其来的刺激出现莫罗反射时，婴儿的双臂伸直、手指张开、背部伸展或弯曲、头朝后仰、双腿蹬直、双臂互抱。

存下去所必要的原始条件反射动作，是在婴儿出生后会存在一段时间的能力。这些动作与婴儿的意愿无关，只不过是人类的基因中带有的为了生存而出现的条件反射。

原始反射消失，是因为在大脑发育的过程中，婴儿逐渐学会了控制不必要的原始反射。反之，如果这些原始反射一直不消失，父母就应该怀疑婴儿的大脑发育是否出现了什么问题。

原始反射是婴儿为了生存下去所具备的能力，是神经系统对刺激做出的反应，是无意识的动作。婴儿出生三四个月后，这些原始反射消失，这是因为婴儿的大脑发育了，自发运动代替了原始反射。

08 为什么婴儿会持续做同一个动作

婴儿通过重复做一个动作来认识世界

婴儿会反复做同一件事。
1
婴儿对自己的行为导致的事物变化乐不可支。
2
婴儿通过反复做一件事来认识世界。
3

婴儿会一直做同一件事，比如，一直摇晃能发出声响的玩具，打开抽屉拿出玩具，再关上抽屉。成年人完全搞不懂婴儿这样反复做一个动作有什么乐趣。

其实，婴儿重复做一

4

5

6

个动作，是因为他看到自己的行为能带来某种变化而感到非常高兴。他打开抽屉，发现自己的视线范围内出现了玩具；关上抽屉，他发现在自己的视线范围内玩具又不见了。当他们意识到自己的行为能使环境发生变化后，他们会更积极地参与这些活动。

儿童发展心理学专家把这种人对环境做出动作

后能够产生互动的感觉称为“**能力感**”。

婴儿反复做一个动作的行为是从出生后 1 个月左右开始的，婴儿是在记忆各种反应的过程中发育成长的。

瑞士心理学家皮亚杰[①]的研究表明，婴儿在出生后 1 至 4 个月中，对自己的看、抓等动作会感到愉悦，会重复这些动作。他们会重复手的张开和闭合、反复发出一种声音等。到了 4 至 8 个月时，婴儿会对动作的结果表示关注，也会重复一种动作。

---

① 皮亚杰（1896—1980），瑞士人，现代著名儿童心理学家。他的认知发展理论是心理学的典范。他一生撰写了 60 多部专著、500 多篇论文。他曾到许多国家讲学，获得了几十个名誉博士、荣誉教授和荣誉科学院士头衔。皮亚杰对心理学最重要的贡献是把随意、缺乏系统性的临床观察理论，梳理得更为科学化和系统化，使临床心理学有了长足的发展。

如果妈妈因婴儿做出这些动作而表扬他，婴儿会感到更加愉悦，会很高兴地重复这些动作。

在这样重复做一个动作的过程中，婴儿会理解“这样做，会发生那样的事”的道理，婴儿正是通过这些重复动作去理解自己和世界的关系的。

能力感

能力感是美国心理学家威廉·阿兰森·怀特提出的理念，即与环境有效互动的能力。人通过自己的行为，使环境发生变化，自己因为这种互动而感到愉悦，之后会更积极地参与和环境的互动。

09 婴儿微笑中隐藏的信息

揭开婴儿微笑的秘密

婴儿出生后不久，大多数时间不是在睡，就是在哭。看到婴儿在睡眠中突然微笑，父母会很高兴，“你看他笑了！”但这种微笑，和人们遇到了快乐的事情时的微笑是不同的。这是婴儿在被满足

了某些欲求时（比如吃饱了、睡得很安稳）出现的条件反射之一，这种条件反射被称为**生理性微笑**。在育儿过程中，婴儿的生理性微笑对促进亲子关系起到了很大作用。看到微笑的婴儿时，妈妈会这样想："你认识妈妈了？"父母会把婴儿的微笑理解成一种情感的表达，加深对婴儿的感情。其实，这是婴儿令父母好好照顾自己的一种手段。同时，婴儿也会逐渐学习，意识到自己的笑容会给周围的人带来快乐。

未发育成熟的婴儿不会有这种生理性微笑，只有健康的婴儿才会有这种生理性微笑，两者相比，未发育成熟的婴儿受虐待的概率更大一些，容易被父母疏于照顾、放弃养育、无视等。如果父母不对婴儿的生理性微笑有反应，那么，婴儿在长大成人后也不会有丰富的表情。

婴儿到了两三个月，会区别人脸和其他东西，会根据情景表达快乐情绪，出现**社会性微笑**。婴儿最初是对着人脸笑，渐渐地见到父母或者熟悉的人时也会自发地笑。到了 4 个月左右，婴儿会在笑的时候发出声音。

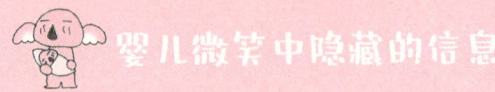

这个时期，父母要对婴儿的微笑做出回应，对他笑，或者用声音表达高兴的心情。这样，就会给婴儿打下对他人表示好感以及与之进行交流的基础。

生理性微笑是婴儿内心深处感觉舒服时产生的条件反射行为之一，而不是在表达高兴、快乐。在看到这种微笑时父母会误认为婴儿很高兴，这种误判是有助于建立依恋关系的。在婴儿出生后3个月左右，其微笑会变为表达喜悦的微笑，这种自发性微笑被称为社会性微笑。

10 婴儿爱哭的原因

婴儿以哭的方式表达的情绪是随月龄变化的

婴儿非常爱哭，甚至有人说："婴儿的工作就是哭。"婴儿经常哭是因为其还不具备语言能力，所以只能通过哭的方式表达自己的心情。

婴儿在成长的初期阶

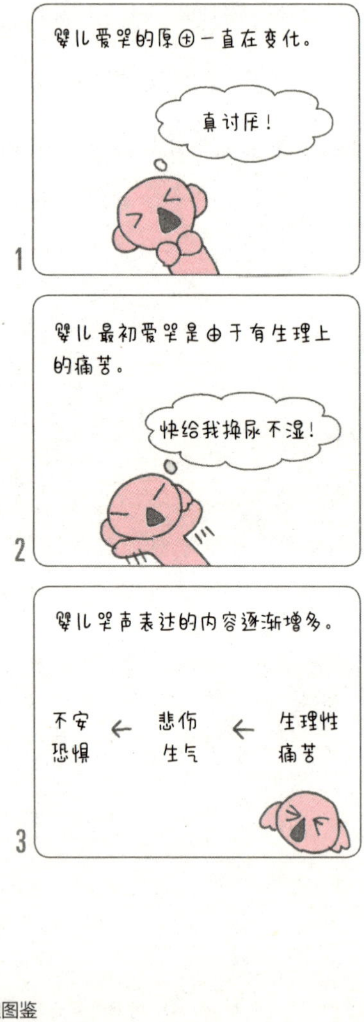

1
婴儿爱哭的原因一直在变化。
真讨厌！
2
婴儿最初爱哭是由于有生理上的痛苦。
快给我换尿不湿！
3
婴儿哭声表达的内容逐渐增多。
不安 恐惧 ← 悲伤 生气 ← 生理性 痛苦

9

孩子的成长也是家长的成长。

10

孩子做事都是有理由的，
请妈妈用心倾听。

J

Q

注：扑克分布在《男孩养育课》《女孩养育课》《智慧父母的多子女和谐成长课》《学霸小孩养成课1》《超级祖父母的智慧育孙课》《考拉宝宝心理图鉴》《理财师爸爸的财商启蒙课》中，每本书均含有6~8张扑克，全部购买后可集齐整套54张扑克。

点亮亲子学院

点亮亲子学院

点亮亲子学院

点亮亲子学院

A ♣

妈妈不要经常把两个孩子做比较，
会伤害孩子的心。

2 ♣

世界成就“学霸”，世界需要“学霸”。

3 ♣

拥有最优秀大脑的出色人才，
才有可能当上宇航员！

4 ♣

优秀的职业运动员只具备优秀的运动能力
是不够的，还要通过学习让大脑变得更聪明。

注：扑克分布在《男孩养育课》《女孩养育课》《智慧父母的多子女和谐成长课》《学霸小孩养成课1》《超级祖父母的智慧育孙课》《考拉宝宝心理图鉴》《理财师爸爸的财商启蒙课》中，每本书均含有6~8张扑克，全部购买后可集齐整套54张扑克。

点亮亲子学院
点亮亲子学院
点亮亲子学院
点亮亲子学院

段只有3种感受，就是痛苦、快乐、感兴趣。婴儿的痛苦包括生理性的饥饿、困、不舒服等，他们通过哭来表达自己的这些痛苦。

从出生到3个月左右，婴儿都是以哭的方式表达自己的生理性痛苦的。伴随着婴儿的发育成长，婴儿爱哭的原因也会发生变化。到了3

个月左右，除了上述的这些痛苦感受，婴儿开始用哭声表达悲伤、愤怒等情绪。

当自己想要做的事情不被允许，或者想要的东西被拿走时，婴儿会因为悲伤和愤怒而哭，“哭”这个行为开始包含更多的情感色彩。每天接触婴儿的妈妈会发现这些微妙的变化，会知道婴儿为什么在哭。女性擅长“非语言交流”也有这个原因。

之后，婴儿会出现“惊讶”这种感受。在出生后 6 个月左右，婴儿的基本情感发展成熟。到了 7 个月至 12 个月，婴儿还会出现“不安”的感受，一旦看不到妈妈

就会哭起来，希望用哭来吸引妈妈的注意，有时还会有装哭等行为。

非语言交流

非语言交流是指不依靠语言的交流。除了语言之外，人们还会通过声调、表情以及姿势等了解别人在想什么。女性进行非语言交流的能力比男性强，但现代人已经不怎么擅长这种非语言交流了。

婴儿为什么会在黄昏时哭闹

“黄昏哭”与“哭闹精”

到了傍晚，婴儿开始哭闹。
这叫作“黄昏哭”，具体原因不明。
父母可以抱他出去透透气。

从出生 2 个星期到两三个月，婴儿时常会没有原因地哭闹。这种不明原因的哭闹经常发生在黄昏时分，因此叫作“黄昏哭”。在这个时间段，妈妈需要准备晚饭，因此婴儿的“黄昏哭”会给妈妈

带来烦躁感和心理负担。

为什么婴儿会发生“黄昏哭”的情况呢？专家虽然尚未找到明确的原因，但他们认为，不需要对发生“黄昏哭”的婴儿进行针对性的治疗。基本上，婴儿到了6个月，就不会再出现“黄昏哭”的情况了。

当婴儿发生“黄昏哭”的情况的时候，父母

可以让婴儿脸朝下趴着，然后抱起他，摇晃他，同时按摩他的背部，或者抱他去户外呼吸新鲜空气。这些方法的有效性因人而异，父母可以自行尝试。但是，当婴儿发生“黄昏哭”的情况时，父母不要认为自己是完全没有办法让孩子停止哭闹的，所以就不去管他。父母可以根据婴儿的具体状态，判断他是不是身体不舒服，不放心的时候，可以带他去医院看看。

与“黄昏哭”类似的还有“哭闹精”的说法。“哭闹精”是指经常哭闹不止的 1 岁以上的幼儿，有“夜哭症”“夜惊症”症状的幼儿，在广义上也都被叫作“哭闹精”。

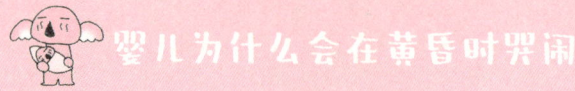

婴幼儿的大脑发育尚未成熟，当他们过多地受到刺激，而无法发散压力，就会以哭闹的方式减压。比如，婴幼儿产生饿了、困了等身体上的痛苦时会哭，产生尿布湿了、家里太热或太冷等感觉上的痛苦时也会哭。

“哭闹精”是指因不明原因而哭闹不止的婴幼儿。日本人曾经认为，那个阶段婴幼儿体内有着造成其哭闹的虫子，人们把这种虫子叫作“哭闹虫”。

12 左撇子和右撇子是怎么形成的

解读孩子的手的功能发展

1
孩子2岁左右交替使用双手。
2
孩子3岁左右基本定下来使用哪只手。
3
我是右撇子！

婴儿出生后不久，只要手接触到的东西他都会自然地去握，这叫作抓握反射。不仅仅是手，婴儿的脚也一样，都有这种抓握反射的动作。这样的反射行为在婴儿出生后4个月左右则会消失。

抓握反射消失后，孩子会做出主动去抓东西的动作。在 5 个月左右时，孩子的手指可以抓住东西了。吃饭的时候，孩子也想要自己拿起勺子和叉子等。有的孩子在 10 个月的时候就会使用餐具了，有的孩子到了 2 岁还用不好餐具。这些都是孩子发育中的个体差异，父母没必要对此太敏感。

到了孩子 3 岁时，父

母会注意到自己的孩子是左撇子还是右撇子。在世界范围内，大多数人都是右撇子，左撇子的数量只占总人数的 10% 左右。

那么，左撇子和右撇子是怎么形成的呢？

孩子用哪只手大部分是源于遗传，同时也受环境因素的影响。事实上，这个机理到现在仍未被解释清楚。一般来说，在 3 岁至 7 岁期间，孩子可以定下来常用哪只手，但是也有个体差异。在 2 岁左右，交替使用双手的孩子比较多。有的父母发现孩子是左撇子，经常会为是否应该给他矫正过来而感到困惑。人们在社会中生存，使用右手比较方便。但是，有医生认为，

强制矫正会让孩子感到压抑。如果父母一直为此烦恼，可以在孩子 3 岁以前，在玩耍的过程中去改变孩子的习惯。

现代社会对右撇子提供的方便比较多。因此，许多父母都希望在婴幼儿期矫正孩子的左撇子倾向。但是，一个人是左撇子还是右撇子，取决于其大脑的活动，不应该被强制矫正。

13 孩子为什么会依恋毛绒玩具和毛巾

孩子寻求安全感的“过渡现象”

两三个月的孩子，会把自己的手放在嘴里吸吮，或者用两只手捧着自己的脚，试图把脚放入嘴里。

这些都是孩子在利用触觉去认识自己的现象。过了一段时间以后，他们开始把注意力转移到自己以外的东西上，比如毛

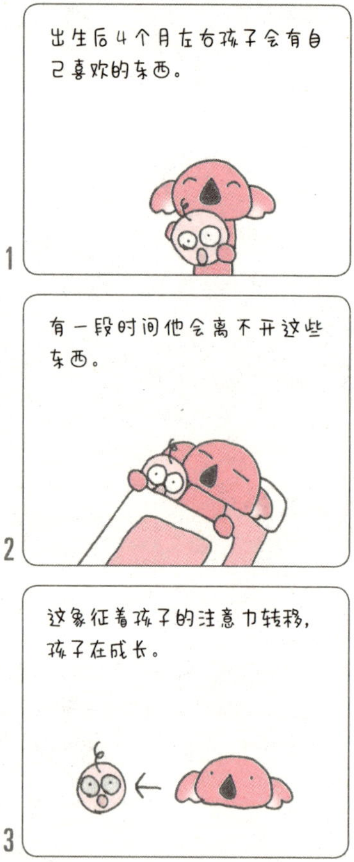
1
出生后4个月左右孩子会有自己喜欢的东西。
2
有一段时间他会离不开这些东西。
3
这象征着孩子的注意力转移，孩子在成长。

巾、毯子、被罩、毛绒娃娃等。

英国儿童精神科医生唐纳德·温尼科特[1]把这种现象称作“**过渡现象**”，将在“过渡现象”中孩子使用的东西称作“**过渡对**

---

① 唐纳德·温尼科特（1896—1971），一生撰写了大量著作，阐述了妈妈与孩子的关系如何促进或阻碍孩子的身心发展，帮助成千上万的父母更好地了解孩子的情绪世界。温尼科特认为，妈妈是环境的一部分，身为孩子的照顾者，最重要的是要为孩子提供能促进其身心发展的环境。

象”。“过渡现象”是孩子把兴趣扩展到自身以外的地方的一种现象。同时，“过渡对象”也有充当孩子与妈妈保持连带感的物品的作用，孩子用这些东西作为妈妈的替身以获得安全感。他们用嘴接触毛巾或毯子，去舔或者去闻味道。不同的孩子在“过渡现象”中的“过渡对象”不同。

我们在大多数孩子身上都可以看到这种“过渡现象”，但是与欧美国家的孩子相比，日本孩子身上出现这种“过渡现象”的概率比较低。这是因为日本父母有和孩子一起睡觉的习惯，孩子和父母的连带感会持续很长时间。

另外，有些孩子在睡觉的时候，一定要抱着自己喜

欢的毛巾或者毯子，否则就无法入睡。这些现象是这个阶段的孩子身上经常有的现象，父母不需要强制改变什么，把这些物品当作有安眠效果的玩具即可。

“过渡现象”在孩子出生后几个月开始出现，有的孩子直到上小学也改不过来。大多数孩子随着年龄的增长基本都可以克服对“过渡对象”的依赖。

过渡现象是指孩子把布娃娃、毛绒玩具、毯子、毛巾等当作宝贝，片刻不离身的行为。有人认为，这是孩子开始认识到自己与妈妈不是同一个人的最初表现。这是孩子成长过程中的一种现象，不需要把过渡期中孩子的依恋对象从孩子手中强行拿走。在日本，30% 的孩子身上都出现过这种现象。

专栏2

"临界期"和语言学习

人都有对学习的适应期，超过这个适应期，人学习起来就会很困难。我们把这个适应期叫作"临界期"。经常有人拿学习语言的例子来解释"临界期"的涵义。

有人说，学习语言的"临界期"是9岁，如果一个人在此之前未能获得语言能力，则这个人会无法很好地使用语言。

“临界期”在字面上会给人一种过了这个时期再去学习就会很困难的印象，其实，这个观点并不正确。即使过了“临界期”，人还是可以学会很多技能的。当然，在“临界期”前人的学习效率会更高，因此，有人认为将“临界期”改为“敏感期”更好。

在这一章里，我们来了解一下婴幼儿的视觉、听觉、触觉等是如何发展的，比如婴幼儿如何识别颜色和形状、婴幼儿最先听到哪些声音等。我们会对婴幼儿的感觉和认知能力的发展机理进行详细介绍。

2

第二章

婴幼儿的感觉、认知及语言能力发展

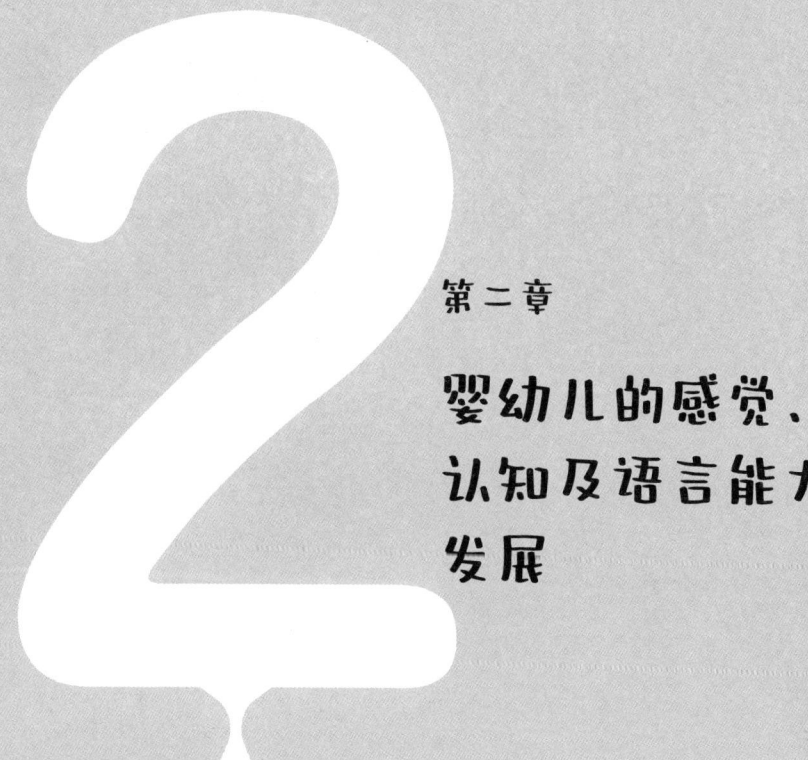

01 婴儿感觉器官的发育

婴儿的视觉、听觉、嗅觉、触觉、味觉

● 视觉

婴儿出生后不久，视力为 0.001~0.02，在妈妈的怀里勉强可以看清妈妈的脸。之后，婴儿的视力快速提高，即便如此，婴儿在 6 个月时视力也只有 0.2 左右。

● 听觉

在妈妈体内的胎儿可以分辨各种声音。刚出生的婴儿喜欢听声音（或节奏），尤其对高音感兴趣，会把脸朝向有高音的方向。

● 嗅觉

婴儿的嗅觉非常灵敏，尤其对妈妈的味道特别敏感，能够区分自己妈妈的奶水和别人妈妈的奶水味道的不同。

婴儿感觉器官的发育

● 触觉

触觉是婴儿的所有感觉中首先产生的，其中嘴部的触觉产生最早。婴儿会把所有的东西往嘴里放，正是因为嘴的触觉产生得最早、发展得最好。同时，婴儿也能够辨别接触妈妈皮肤的感觉。婴儿最开始是用触觉认识周围的事物的。

● 味觉

在妈妈妊娠时，胎儿就有了味觉。胎儿喝羊水，如果在羊水中加些糖，胎儿喝羊水的量就会增加。胎儿喜欢甜味，不喜欢苦味、辣味、酸味。

婴儿出生后，如果父母更换了他一直喝的奶粉，婴儿会敏感地察觉到，喝的量就会减少。

蒙哥马利腺

蒙哥马利腺是指妈妈乳房上的乳晕腺（乳头周围的小疙瘩）。婴儿可以闻到从这里散发出来的味道，知道这是自己妈妈的乳房。这种味道与他在妈妈子宫内闻惯的羊水的味道很相似。

02 成年人依靠视觉行动，婴儿依靠听觉行动

解读婴儿的视觉和听觉的发展

在大多数情况下，成年人是依靠视觉行动的，对成年人而言视觉的作用比听觉的作用大得多。成年人往往认为视觉在婴儿成长早期就开始发展了。然而，事实上，婴儿的听觉发展是早于视觉发

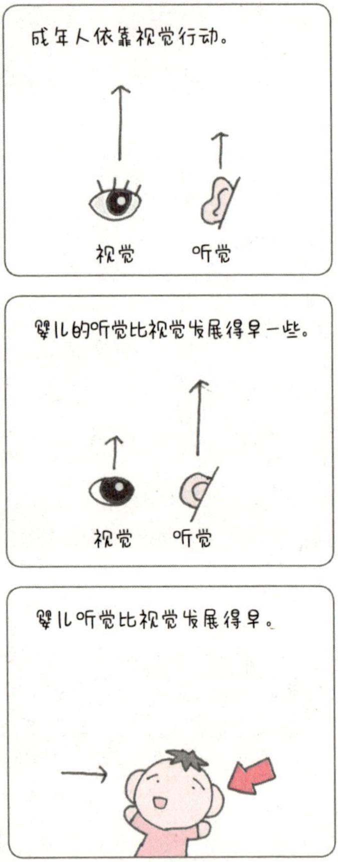
1
成年人依靠视觉行动。
视觉
听觉
2
婴儿的听觉比视觉发展得早一些。
视觉
听觉
3
婴儿听觉比视觉发展得早。

展的。

胎儿在妈妈体内的时候，就开始听声音。胎儿大约在妈妈妊娠 20 周时开始有听力，大脑的听觉区在妈妈妊娠 36 周时完成发育，妈妈肚子附近有较大的声音时，胎儿每分钟的心跳次数就会增加，身体动作会很活跃。

胎儿是泡在羊水里的，他听到的声音与实际

的声音是不完全一样的，就好像在游泳池的水中听到的声音一样。胎儿还不能清楚地区分不同的声音，特别是低音，在到达胎儿耳朵里之前，基本就被羊水吸收掉了。

在妈妈妊娠大约 16 周时，胎儿的视觉神经开始发育，在妈妈妊娠大约 24 周时，胎儿的眼睛可以睁开，虽然眼睛看不见，但是会对光有反应。

在这个时期，如果对着妈妈的肚子打强光，胎儿会对光做出反应。但是，光基本照不进妈妈体内，因此胎儿的视觉还处在未被触发的状态。胎儿的视觉真正开始发挥作用是在出生以后见到外界光的时候。

刚刚出生的婴儿视力很差，只能感觉到眼前有物体在动。半年后，婴儿的视觉快速发展，之后发展减慢。

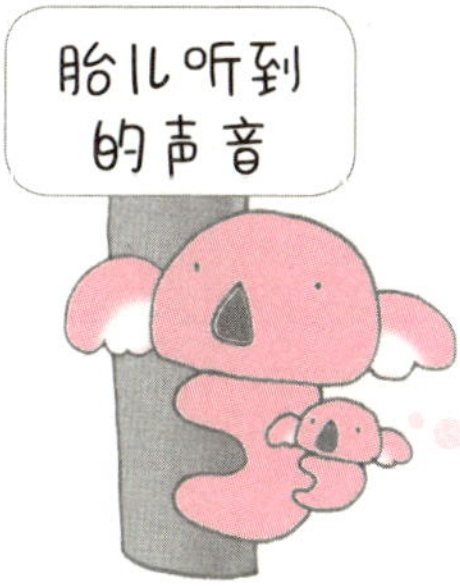

胎儿在妈妈肚子里可以听到各种声音，其中一个就是胎内音，比如，胎儿可以听到妈妈肠子蠕动的声音和心脏跳动的声音。同时，胎儿也可以听到外界环境中的声音，但外界环境中的声音即使很大，也会因羊水的隔音效果而变小，并与胎内音所抵消。胎儿还可以听到妈妈的声音，妈妈的声音可以通过体内和体外两个途径被胎儿清楚地听到。

03 婴儿更喜欢女性的声音

婴儿喜欢的声音和节奏

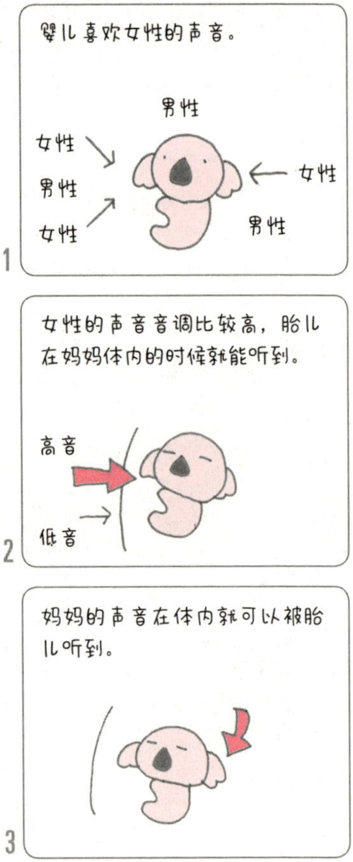

胎儿在妈妈肚子里的时候，就可以听到外界的许多声音。科学家做过一项实验，在一位怀孕的女性破水后的子宫内放入麦克风，传出的声音中有这位女性心脏跳动的声音、血液流动的声音、吃下的

东西通过消化器官的声音，以及人的说话声等，这些声音其子宫中的胎儿都可以听到。

胎儿可以从妈妈体内听到妈妈的声音，与沉闷的声音相比，胎儿更容易听到妈妈说话的声音。

然而，有研究表明，胎儿听到的不是妈妈的声音本身。胎儿是通过妈妈说话的速度和节奏来分辨妈妈的声音的。

一个研究团队请一位女性对妊娠后期的胎儿有节奏地讲述童话故事，在他出生后，给他听几个节奏不同的声音讲述的童话故事，发现他更喜欢在胎内听到过的声音。

此外，研究人员在调查“婴儿喜欢的声音”的另一项实验中发现，婴儿最喜欢的声音是人的声音，与男性的声音相比，婴儿更喜欢女性的声音。这是因为在胎内时，女性的高音容易被胎儿听到，是其听惯了的声音。在女性的声音中，妈妈的声音是特殊的声音，因此，婴儿会对妈妈的声音做出强烈的反应。婴儿在出生后不久就能分辨妈妈的声音。

对动物而言，区分妈妈的声音在生存上尤为重要。婴儿是将妈妈的声音同说话的速度和节奏一起记忆的。妈妈以外的人跟婴儿说话时，使用和其妈妈相同节奏的声音，婴儿也会喜欢。

成年人对婴儿说话时，会慢慢地、一个字一个字地说，这种语言叫作妈妈语，也叫作婴儿指向型语言。在所有的语言圈和文化圈中都有这种语言，人们会无意识地使用“妈妈语”对婴儿说话，婴儿也喜欢“妈妈语”。

04 婴儿更喜欢条纹图案

解读婴儿的视觉偏好

婴儿喜欢条纹图案。
1
与没有图案的相比，婴儿喜欢有图案的。
2
婴儿会盯着复杂的图案看一会儿。
3

婴儿视力很弱，刚刚出生的婴儿的视力只有0.001~0.02。虽然婴儿的视力在出生后6个月内迅速发展，但是6个月的婴儿的视力也只有0.2左右。

4 5 6

也许父母印象中的婴儿的视力更好一些，这是因为婴儿是通过各种信息认知各种事物的。

虽然婴儿的视力较弱，但是从视力发展早期开始，他们就可以看到活动的东西。活动的东西在眼前晃的时候，婴儿会出现闭眼的行为，也就是说，婴儿很早就具备应对危险的能力。

婴儿更喜欢条纹图案

婴儿比较喜欢看对比度较强的东西。比如，他们很容易分辨由白色和黑色构成的对比度较强的图案，他们会盯着这些图案看。婴儿喜欢有图案的东西，出生后一个星期的婴儿，可以看见距离自己 30 厘米、宽度为 2.5 毫米的条状图案。即使婴儿的视力很弱，他们也能看到很细的条纹。

除了条纹图案以外，婴儿还喜欢稍微复杂一点的图案。与什么图案也没有的单色相比，婴儿更喜欢有圆圈或者方块等图案的东西。与简单的图案相比，婴儿更喜欢稍微复杂一点的图案，会盯着看。我们把婴儿的这种行为叫作“**视觉偏好**”。

婴儿喜欢这些图案，与其视力的发展以及大脑的发育有关。

为了促进婴儿视觉器官的发育和大脑的发育，接受外部刺激很重要，父母要多给婴儿看复杂的图案。

视觉偏好是指人的眼睛频繁注视所喜好的东西。对出生后不久的婴儿，以及不配合做心理测试的婴儿进行偏好测定时，人们会使用检测视觉偏好这种方法。

05 对婴儿而言妈妈的脸是最特殊的

解读婴儿喜欢看人脸的原因

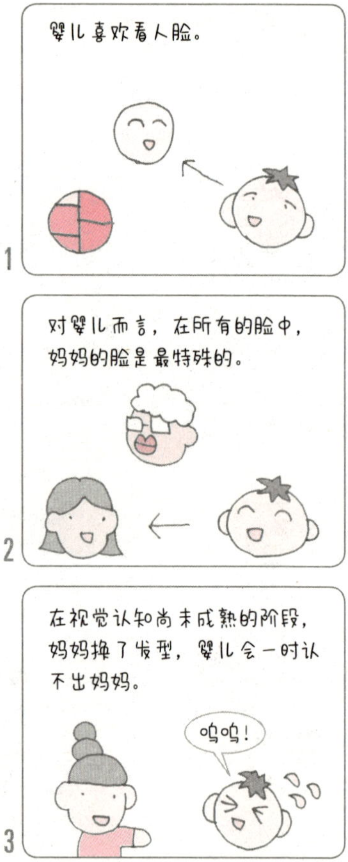

1
婴儿喜欢看人脸。
2
对婴儿而言，在所有的脸中，妈妈的脸是最特殊的。
3
在视觉认知尚未成熟的阶段，妈妈换了发型，婴儿会一时认不出妈妈。
呜呜！

婴儿喜欢看对比度比较强的条纹图案及复杂的图案，还非常喜欢看人脸。

很多人都知道，出生后不久的婴儿会盯着人脸看。

人的头发、眼睛、嘴巴的颜色对比度较强、形状比较复杂。人脸可被看作一种婴儿喜欢的图案。可是，婴儿的视力很弱，我们不能牵强地认为婴儿是因为能够看清楚人脸而一直注视它。婴儿看人脸是否只是一种条件反射行为呢？

日本中央大学的山口真美教授指出，婴儿看人脸有着特殊的意义。人从出生开始，发育的各个阶段所需要的时间就较长。一个人发育到能够用语言表达自己的想法，需要将近 2 年的时间。婴儿看脸，在父母看来是一种特殊的行为。父母会认为“他认识爸爸妈妈了！”“他好像在说什么。”父母会延伸解释婴儿这种注视人脸的行为。

心理学实验得出的结果表明，婴儿在很早的阶段就会识别妈妈的脸，且喜欢妈妈的脸。因为妈妈的脸对于婴儿来说是最特殊的。

然而，这个阶段婴儿分辨人脸的能力尚不稳定，有时候，妈妈改变了发型、戴上了眼镜，婴儿就不认识妈妈了。这是因为头发和皮肤的色差会加强人脸各部分的对比度，产生一种**框架效果**，而发型则是婴儿识别人脸

的一个重要依据。婴儿能识别改变发型后的妈妈，需要在其出生两个月后才能做到。

出生后不久的婴儿只是因为妈妈改变了发型就会认不出自己的妈妈。这是婴儿受到人脸的轮廓要素影响，对脸的细节辨认不清导致的。

06 婴幼儿为什么“认人”

解读婴幼儿的依恋情感

婴幼儿长到6个月左右，会对不认识的人产生恐惧，看到陌生人会哭。这是他开始“认人”了。

“认人”与婴幼儿对脸的识别密切相关。婴幼儿在见到爷爷奶奶和陌生

4
5
6

男性时会哭。

爷爷奶奶的面部特征与妈妈有很大的不同，对婴幼儿来说是未知的存在。看到与看惯了的妈妈不同的脸时，婴幼儿就会感到不安。

婴幼儿还会对男性感到不安，因为他们的骨骼结构和发型与婴幼儿的妈妈不同。近年来由爸爸、妈妈和孩子组成的家庭数量越来越多，婴幼儿平时看不到爷爷奶奶，所以会对看到爷爷奶奶也感到不安。

如果幼儿园里有男性幼教，婴幼儿看到男性时就不会那么不安了。“认人”的行为因人而异，不能因为婴幼儿“认人”、怕人，就认为他长大以后无法跟别人好好相处。

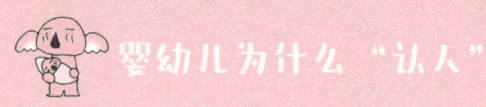

“认人”是形成**依恋情感**的过程中的一个必要阶段，证明婴幼儿正在发育成长。依恋情感是婴幼儿与妈妈（特定人物）之间形成的一种情感上的联系，产生于婴幼儿（特定人物）和妈妈的互动。

形成依恋情感后，在婴幼儿 6 个月到 3 岁期间，婴幼儿会对妈妈离开自己感到不安，即**分离不安**，这是因

为看不到对于自己来说最为特殊的这个人，婴幼儿就以为永远见不到她了。

可是，过了 2 岁，婴幼儿就可以推测和理解妈妈的目的和行为了，能确定妈妈“还会回到自己身边”，即使妈妈不在身边也不会感到不安了。

分离不安

分离不安是指婴幼儿对与自己依恋的对象（妈妈）分离而感到不安。因不安做出的反应以及反应时间的长短因人而异。婴幼儿在反复的与妈妈分离和接近的行为中，逐渐在心理上理解了与妈妈的距离。

07 婴儿为什么喜欢红色和黄色

解读婴儿视觉细胞的发育

婴儿是如何看到有颜色的世界的呢?

进入眼中的光线，通过**晶状体**与**视网膜**合成图像。视网膜中有识别颜色的**锥体细胞**。人类的视觉细胞的发育比较慢，婴儿不能像成年人一样

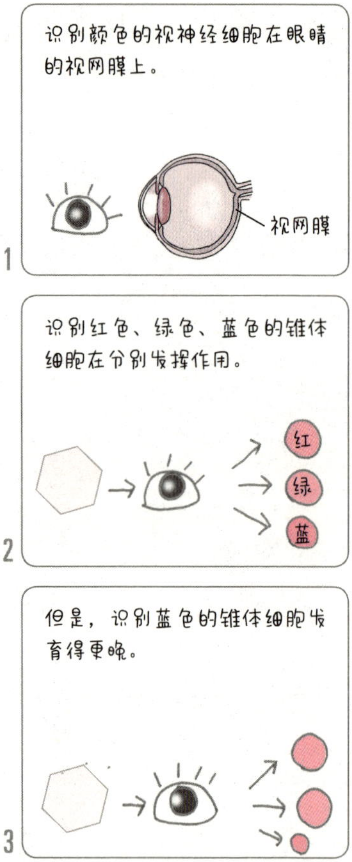
1
识别颜色的视神经细胞在眼睛的视网膜上。
视网膜
2
识别红色、绿色、蓝色的锥体细胞在分别发挥作用。
红
绿
蓝
3
但是，识别蓝色的锥体细胞发育得更晚。

区分复杂的颜色。

在妈妈肚子里的胎儿就对光有了反应，但是，因为识别蓝色的锥体细胞发育得比较晚，刚出生的婴儿不容易分辨蓝色这种颜色。

出生后 2 个月左右，婴儿可以区分红色和绿色。这个时期，婴儿还不能分辨绿色和蓝色。在出生后两三个月时，婴儿可

① 在日本，观看赛马比赛是一种比较流行的民间娱乐活动。不同颜色代表不同的组。

以区分红色和黄色。即使识别蓝色的锥体细胞还不能发挥其功能，婴儿还是可以看到红色、橘黄色、黄色、绿色、黄绿色等颜色。婴儿还可以看到远处的黄色物体，因为黄色的识别度比较高，多数婴儿会表现出对黄色的偏好。

识别蓝色的锥体细胞在婴儿出生后 4 个月左右完成发育，这时婴儿总算可以分辨蓝色和绿色、蓝色和黄色了。到了 6 个月左右，婴儿识别色彩的能力就基本和成年人一样了。

基于婴儿认知能力的发展规律，父母可以在婴儿出生后 6 个月左右多给他看黄色、红色、白色、粉色、橘黄色、蓝色、绿色、紫色等颜色。

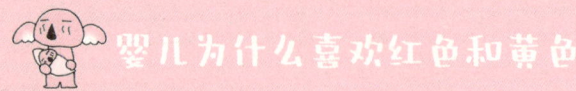

给婴儿练习识别颜色时，父母不仅可以变换玩具的颜色，还可以变换婴儿服装的颜色。不要给婴儿穿某种特定颜色的衣服，而要给他穿各种颜色的衣服，颜色变化带来的刺激，可以促进婴儿感觉器官和大脑的发育。

锥体细胞

锥体细胞是人的视网膜中的视觉细胞，是感觉颜色的受体，对红色、绿色、蓝色做出反应，产生电信号传递到大脑，在大脑内进行合成，形成颜色视觉。婴儿识别蓝色的锥体细胞发育得比较晚，其出生 4 个月后才能识别蓝色。

08 与形状相比，婴幼儿更喜欢颜色

解读婴幼儿对颜色和形状的认知发展

婴幼儿喜欢带颜色的东西。
婴幼儿尤其喜欢黄色、红色、粉色等颜色。
是吗？

成年人识别物体时，有的受形状影响较大，有的受颜色影响较大，受形状影响和受颜色影响的人基本各占一半。其中，男性受形状影响的较多，而女性受颜色影响的较多（不同颜色影响的程度有所不同）。

与形状相比，出生 6 个月左右的婴儿，更容易

对颜色有反应。

德国心理学家戴维·卡茨[①]做过一项实验，给婴幼儿看红色圆盘，让他们选出相同的东西来，结果婴幼儿选出来的不是绿色或黄色的圆盘，而是

① 戴维·卡茨（1884—1953），知觉研究的先驱，他对触觉、味觉，特别是颜色知觉的研究有独创性的贡献。他的著作《颜色世界》介绍了有关颜色知觉现象学的研究。他还研究过儿童心理、动物行为、食欲以及药物作用等。

红色三角形或红色四角形。这种倾向性会一直持续到孩子四五岁，5 岁之后，受形状影响的孩子开始增多。

婴幼儿对颜色和形状的认知能力是分别发展的。婴幼儿对形状的认知首先是按照“大小、长短”，然后是按照“二维形状”“三维形状”的顺序逐渐加深的。

各种实验的结果以及研究者在幼儿园获得的调查数据表明，婴幼儿喜欢黄色、红色、白色、粉色、橘黄色等暖色。随着发育成长，他们逐渐开始喜欢蓝色、绿色等颜色，开始因性别的不同而出现对颜色的偏好，还会受到父母对颜色偏好的影响出现个人差异，总之，不同的人对颜色的偏好不同。

在婴幼儿对颜色和形状的认知能力的发展过程中，

玩要起着非常重要的作用。婴幼儿 4 岁以前，大多会玩积木等玩具。在这个时期，通过接触各种颜色和形状，婴幼儿可以吸收各种有关颜色和形状的信息。因此，父母应准备多种颜色和多种形状的积木给他们玩。

颜色偏好的变化

婴幼儿喜欢黄色、红色、白色、粉色等颜色。随着年龄的增长，人对颜色的喜好会变得多样化。成年男性偏好蓝色、绿色、红色等颜色，成年女性则偏好粉色、蓝色、白色等颜色。人对颜色的喜好受其精神状态、文化背景等的影响较大，还会随之变化而变化。

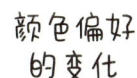

09 人为什么没有婴幼儿时期的记忆

解读婴幼儿的记忆力

您对儿时的记忆可以追溯到几岁？大概四五岁？有的人可以追溯到3岁左右。可能没有人记得自己学会站起来的那个瞬间。这是为什么呢？

也许有人认为“人没

有婴幼儿时期的记忆是因为婴幼儿的记忆力比较差”。这是不正确的，其实婴幼儿的记忆力很好。婴幼儿具备短期记忆能力，这一点已经被很多心理学实验所证明。婴幼儿愿意听妈妈的声音，能够记住母乳的气味，会把脸朝向有味道的方向。

大脑的记忆机理犹如工作台和有抽屉的架子，刚刚进来的信息会被放在

“工作台”上，然后重要的信息会被放入架子的“抽屉”，日后需要的时候再取出。一段时间内没有取出的记忆，会忘记放在哪里，一时取不出来。

婴幼儿的记忆系统尚未具备完整功能，还不会取舍放在“工作台”上的信息，也不会把信息放入“抽屉”。记忆架子的每个抽屉需要一个目录，这个目录还需要与语言目录结合起来。因此，没学会说话的婴幼儿还不会整理记忆信息。

也就是说，对于尚未完全学会说话的婴幼儿来说，长期记忆系统还不具备完整功能。一个人可以追溯的最早记忆应该是三四岁时的记忆。

婴幼儿在 2 岁左右如果有过差点淹死在游泳池里这样深刻的记忆，这段记忆可能会被保留到成年。这是因为当时留下的强烈印象在后来经过语言修正被保存起来了。

一个人可以追溯的记忆，有人说是 2 岁左右的记忆，这个观点是不正确的。一个人到了 4 岁左右，认知能力快速发展，开始使用有关记忆的词汇“记得”“忘了”，在这个时期，人的长期记忆系统形成了。

10 婴儿学习语言的基本原理

婴儿记住听到的语言，经过模仿变成自己的语言

1
出生2个月左右，婴儿开始说“咕咕语”（鸽子语）。
咕，咕。
2
到了三四个月，婴儿开始说“呢喃语”。
哒，呀，哒，呀。
3
这是婴儿在做语言练习。
啊，啊。

婴儿最初发出的声音是“哇！哇！”的哭声。出生后2个月左右，婴儿会用嗓子发出柔和的“咕”“呜”的声音。这种声音被称作“咕咕语”（鸽子语），是在婴儿的嘴和喉咙的形状发生变化后

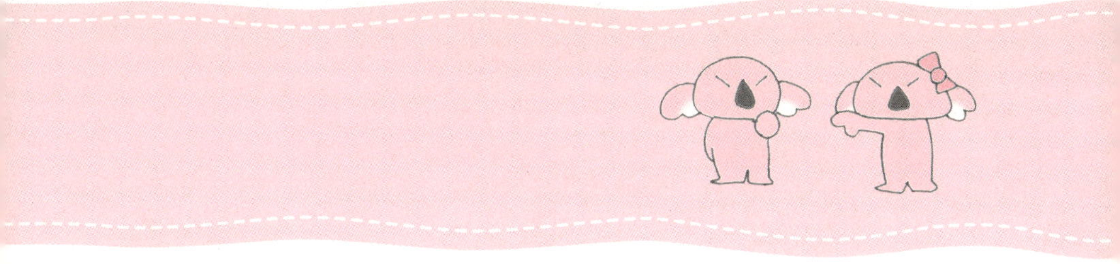

发出的声音，表明婴儿的语言能力开始发展，但这仍然是婴儿通过鼻子发出的声音。到了三四个月，婴儿的骨骼以及喉咙发育到接近成年人的程度，开始使用声带。从这时开始，婴儿开始说出“啊呜”“啊，啊”等“呢喃语”。

美国达特茅斯学院的劳拉·安·佩蒂托教授认为，婴儿想要从几千个音中，选择可以成为母音的相关音。

另外，婴儿的“呢喃语”中混杂着子音，婴儿反复发出“哔，哔”“哒，哒”等子音，以及“子音＋母音”的声音。

到了八九个月，婴儿的“呢喃语”开始变得多样化，婴儿会说出“曼妈”（妈妈）等表达意思的“呢喃语”。

日本京都大学灵长类研究所的正高信男教授指出，婴儿把听到的语言记下来，然后去模仿，最终变成自己的语言。婴儿最初将语言当作音乐来听，逐渐听懂声音的连锁关系，口中蹦出单词，作为词汇来记忆并储存起

来。到了 9 个月之后，他们尝试着把记忆中储存的词汇“再生”出来。

婴儿开始说“呢喃语”之后，妈妈要积极地与他说话、给出回应。

呢喃语

婴儿最初发出的是以母语元音为主的“啊”“呜”的声音，然后逐渐发出与子音混合的复杂声音。对这种“呢喃语”，许多图书和研究人员给出的定义（范围）有所不同。

父母应该经常给婴幼儿读绘本

解读婴幼儿的语言学习

大约 1 岁之后，婴幼儿掌握的词汇量急剧增加，他们开始会说类似“妈妈”“这儿”等词语。

婴幼儿 1.5 岁去做定期检查时，要检查身体和大脑的发育情况，父母要确认婴幼儿会说多少有一

定意思的词语。但是，婴幼儿的语言能力发展的个体差别很大，有的婴幼儿到了 1.5 岁还不太会说话，而到了 2 岁，一下子就会说了。做父母的完全没有必要过度担心。但是，如果到了 2 岁他口中还是只能蹦出一两个词语，父母就要找专家去咨询了。另外，如果 6 个月左右的婴幼儿仍不会“呢喃语”，父母也需要注意。

父母应该经常给婴幼儿读绘本

婴幼儿基本上只会说自己记住的词语，因此，父母需要积极地对婴幼儿说话、给他读绘本，这对婴幼儿的语言能力发展非常重要。即使是耳朵听不见的婴幼儿也会说“呢喃语”，但是因为不能被反馈到耳朵里，婴幼儿逐渐就不再发出声音了。因此，父母与婴幼儿说话、发起会话非常重要。

父母对婴幼儿说话时，应该尽量说慢一些、区分清楚每个单词、注意抑扬顿挫。

很多父母对婴幼儿说话时使用“婴幼儿语言”，比如“睡觉觉吧！”“尿尿啦？”等。“婴幼儿语言”是婴幼儿比较容易理解的语言，可以帮助他们提高认知能力。

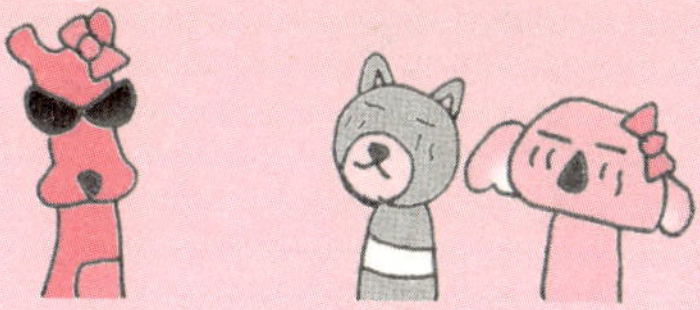

父母与婴幼儿说话时不需要使用大量词语，要以“让婴幼儿理解”为目的，用自然、轻柔的声音和他们说话。

婴幼儿到了 1 岁至 1.5 岁，过了说“呢喃语”的时期后，就开始会说“妈妈”“爸爸”等有含义的词语了，这叫作“初始语言”。1.5 岁到 2 岁时，婴幼儿开始能够理解物品有名字，会问“什么？”会把一两个词语组合起来，比如“我的妈妈”。这个阶段婴幼儿的词汇量有大约 300 个。

专栏3

女孩真的比男孩爱说话吗

幼儿教师或者带过孩子的人都会有“女孩比男孩爱说话”的印象，那么，从科学角度来看，这种认识是对的吗？

实际上，根据对男孩和女孩的词汇量的统计，在词汇量上，男孩和女孩没有差别。但是，据说在大脑的发育方面，女孩的大脑中驱动情感而促使人用语言表达想法的布罗卡氏区比较活跃。其他研究结果也表明，由于荷尔蒙分泌的影响，女孩获得习得语言的能力比男孩早。但是，从科学的角度来看，“语言能力发展存在性别差异”这一观点尚未被证明。

如何提高孩子的能力？如何使孩子拥有健康的心理？在这一章里，我们从心理学和脑科学的角度，多维度地探讨使孩子养成好习惯的基本方法，以及在孩子做错事的时候父母如何教育孩子等问题。

3

第三章

有关婴幼儿智力发展的育儿心理学

01 希望孩子智力提升的育儿心理

父母倾注过多热情有时会造成不好的影响

有的父母对育儿没有自信。
我好没自信！
1
有的父母对育儿倾注过多热情。
我看过所有的育儿书。
2
有的父母把育儿书上写的内容全部实践一遍。
工作 ⟶ 育儿
就像干工作一样全身心投入。
3

随着婴幼儿研究的发展，最近，有关育儿的书多了起来。这些书从心理学和脑科学的角度介绍了提高孩子各方面能力的方法。

在各种场合我们总会

听到父母的一些抱怨，“我们都是按照书上写的那样去做的，可是没有得到理想的结果。”为什么读了这些科学育儿的书，却还是出现这样的情况呢？

我们对育儿实践没有效果的父母做了调查，了解他们采用了什么样的育儿方法，于是，在育儿问题上，父母方面的问题就浮现出来了。

例如，育儿书中写了“婴儿瑜伽”和“婴儿按摩”对婴儿的发育有好处，父母就毫不怀疑地立刻照做。

尤其是职场女性，经历过妊娠、生孩子、休产假，她们也许把育儿当成一种工作，开始把对工作的热情过多地投入育儿之中。

她们对第一个孩子更是如此，她们会认为“这样做应该有效果呀！”“不可能不对呀！”并表现出过度干预的倾向。其实，育儿效果是有个体差异的，过度地要求效果，反而适得其反。

有不少育儿书从“科学的角度”介绍的育儿方法会

把结果描述得很好，但希望父母不要过于在意结果，最好在和孩子一起玩耍的过程中，凭自己的感觉和判断去摸索快乐育儿的方法。

在育儿中，有些父母会有“应该做这个”“必须做那个”的想法，给自己增加压力。还有些父母会过度追求完美的育儿方式，如果不完美则会认为没有意义。父母应该放下包袱，轻松育儿。

02 父母的敏感性会影响婴儿的成长

父母如何解读婴儿发来的信号

婴儿在成长过程中，会逐步提高认识、思考、判断的能力。然而，能力提升，不仅需要婴儿的努力，还需要父母的**敏感性**。

所谓敏感性，就是将

婴儿想要说的内容作为信号来解读的能力，也叫作**感受性**。有关婴儿教育的研究数据表明，父母敏感性高，婴儿的认知能力和语言能力也高。

婴儿在获得语言能力的过程中，有时会出现用手指着东西的动作。这时，父母不能视而不见，而应该思考他是对什么感兴趣，你可以告诉他“那

① 日语里“敏感性”与“堵住”的发音相似。

是小熊玩具”，通过这样的语言，让他理解语言的对象，帮助他获得语言能力。

京都大学灵长类研究所进行了一项研究，结果表明，在婴儿发出“啊，啊”的声音想要说什么的时候，妈妈是否给出“什么呀”的回应，会使婴儿的发音间隔发生变化。婴儿知道自己发出声音后周围有反应，就会有意识地发出声音。

父母具备这种敏感性，对提高婴儿的语言能力和认知能力都有好处。不仅如此，父母敏感地觉察到婴儿的细微变化，也有益于其对婴儿疾病的发现和应对。妈妈对婴儿的敏感性越强、反应越迅速，妈妈和婴儿的依恋

关系就越稳定。

为了提高婴儿各方面的能力，单纯地做些什么并不重要，重要的是父母要关注和了解婴儿传递的信号。

敏感性

敏感性就是父母捕捉婴儿想表达的意思的能力。这个能力不仅对提高婴儿的认知能力和语言能力有好处，还会对婴儿与父母的依恋关系产生影响。如果妈妈的敏感性弱，或者婴儿在幼儿园的时间长，婴儿与妈妈的依恋关系就会不稳定。

03 大脑聪明是遗传的吗①

决定孩子能力的因素是“遗传”，还是“环境”

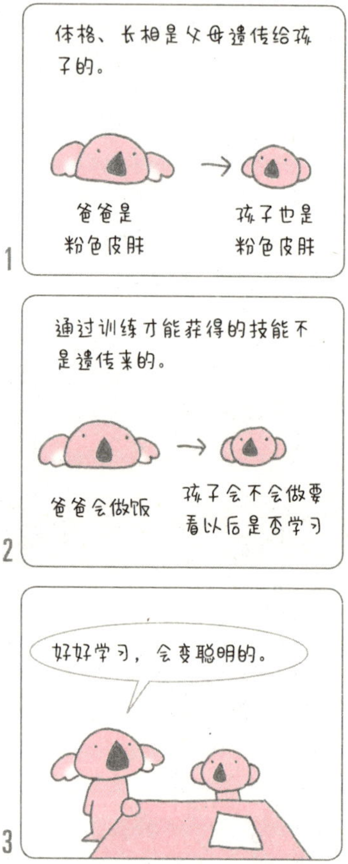

人们往往认为，父母聪明，孩子也会聪明，因为“大脑聪明是遗传的”。这是真的吗？

所谓遗传，就是个体特征通过从细胞到细胞传递而从父母到孩子传递的现象。我们知道的与生俱

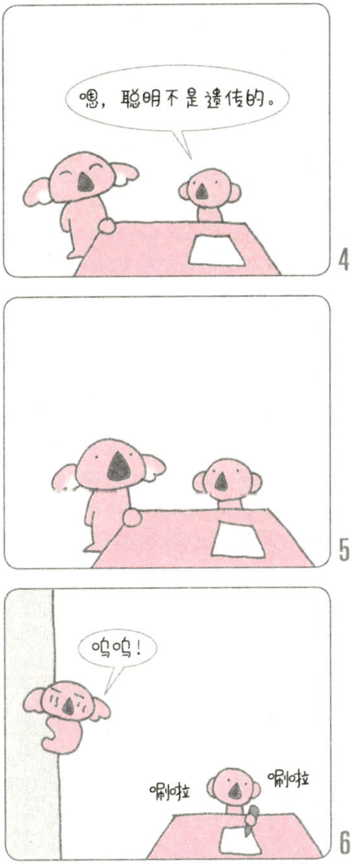

来的特质，如长相、骨骼特征等，都是遗传的。但是，目前的遗传研究表明，父母后天习得的技能不会遗传。也就是说，脸的形状等是遗传的，而类似运动能力这样的特质是不遗传的。

大脑聪明不是大脑结构决定的，而是人运用大脑的结果。大脑聪明是“能根据状况瞬间作出正确判断”，是“拥有储存着作为判断基准的大量信息，可以随时抽取这些信息的系统”。可以说，决定大脑是否聪明的不是“遗传”，而是“环境”。

为了证明这一点，我们可以举 2 个例子。

一个例子是被狼养大的 2 个“狼孩”的故事。年龄大概为 1.5 岁和 8 岁的 2 个女孩，在被解救时，不会说话，用手和脚走路。在被带回人类社会 1 年后，年龄较小的女孩死了。人们对另外一个女孩倾注了大量的爱进行教育，可是 9 年后，这个女孩也死了。据说，这个女孩最终只学会 30 多个单词。

另外一个例子是被监禁的少女的故事。这个女孩从 1.5 岁开始被监禁，直到 13 岁被解救，被监禁了将近 12

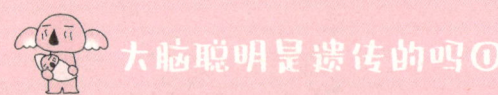

年。被解救后，人们对她进行了许多训练，可是，她的语言能力还是没能超过一个 3 岁的孩子。

这 2 个例子表明，一个人错过了接受语言教育的大脑发育时期（临界期），就很难获得语言能力，也说明了在大脑的发育过程中环境非常重要。

显性遗传

显性遗传是指突出表现个体特征的遗传。比如，长睫毛和双眼皮属于显性遗传，父母中的一方是长睫毛和大眼睛，把这个特征遗传给了孩子。而如果孩子是单眼皮，则可能妈妈是单眼皮，或者父母双方都是单眼皮。眼睛的颜色、牙齿的排列、头发的多少，都属于显性遗传。

04 大脑聪明是遗传的吗②

解读成长环境对孩子的影响

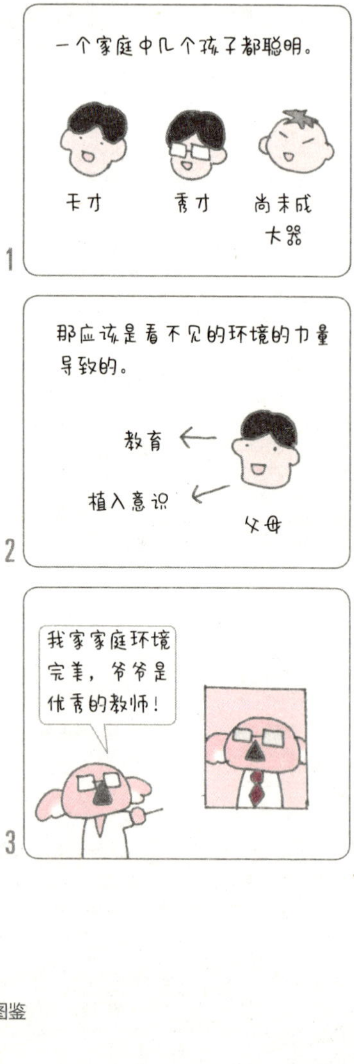

决定大脑是否聪明的不是“遗传”，而是“环境”。虽然话是这样说，但事实上，父母毕业于名牌大学，孩子考上的往往也是好学校。父母是医生，儿子也当医生的情况也很普遍。父母从事音乐

工作，孩子在音乐上往往也很有才华。不仅仅在智力上，在音乐和绘画上的才能的确也在遗传。可是，我们还是觉得这些现象有些缺乏说服力。

我们借医生的例子进行说明。许多当医生的父母，都是从孩子小时候就希望孩子当医生，因此，从早期教育到专业教育，他们很早就为孩子营造了有助于其将来当医生的环境，从孩子小时候就给他植入了成为医生的意识。

在日常生活中，搞音乐的人家里就有音乐氛围，即使并未有意识地让孩子接受专门的音乐教育，音乐家的家庭中也已经具备了好的音乐环境，孩子从小就具备了接触好音乐的机会。即使搞音乐的父母没有教孩子，有一天孩子可能也会突然唱起歌来，父母可能会以为是自己遗传给孩子的，其实那是父母给了孩子那样的环境，而不是遗传给他的。

无论是有意识还是无意识，搞音乐的父母给了孩子这样的环境，孩子自己就会对学习以及音乐等感兴趣，在父母不知道的地方自己去接触这些东西。

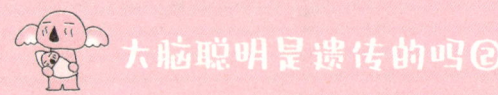

人是否聪明，或者是否有才能，主要是受到环境的影响，而不是遗传。

家谱研究是对几代人中都有音乐、文学、体育等方面特殊才能的家族进行的有关遗传影响因素的研究。例如，巴赫家族的5代人中出现了13位优秀的音乐家，人们曾认为他们的音乐才能是遗传的。但在最近的研究中，这个论点被否定，人们认为环境的影响力才是最大的。

05 总是被抱着，婴儿会形成习惯吗

妈妈是否应该在婴儿哭闹时把他立刻抱起来

1
婴儿要妈妈抱。
2
不要怕抱出习惯，只要婴儿需要，
就抱抱他吧。
3
抱着婴儿和婴儿说话，对形成母
子依恋关系非常重要。
依恋关系
妈妈
婴儿

很多妈妈都有过这样的疑问：“婴儿一哭就把他抱起来行吗？这样做会不会使他形成习惯呢？”

以前，很多专家建议，不要婴儿一哭妈妈就抱，这样会形成习惯，婴儿会一天 24 小时都要人

抱。然而，最近有些专家却建议“应该以爱来回应婴儿的需求，只要婴儿有需求，就可以抱他。”

妈妈到底是该抱他，还是不该抱他呢？应该怎么做才对呢？

其实，“抱出习惯”这种表述不太好，婴儿要抱，其实是婴儿希望从父母那里获取爱，或者确认父母的爱，这并不是什么大问题，只不过是婴儿一段时期内的需求，随着婴儿的成长这种需求会逐渐变弱。当婴儿需要抱的时候，父母怕婴儿形成要人抱的习惯，一味地拒绝他，才会产生问题。

婴儿在困了、肚子饿了、感到不舒服、感到不安或者寂寞的时候，会要求父母抱。如果父母一直不理他，婴儿会愤怒，然后从某个时刻开始就不再哭了，他会压抑自己的感情，长大了会容易变成不会表达自己欲求的人，这才是危险的。

然而，并不是婴儿哭了，父母把婴儿抱起来就可以了。父母不但要抱起婴儿，还要看着他的眼睛和他说话，

这一点非常重要。

如果正好赶上父母做饭的时间，父母没有办法顾及婴儿，那也没有办法。这时候，父母可以一边干活，一边看着婴儿，和他说话。

父母抱婴儿的意义

对于婴儿来说，你抱着他，他会感到很舒服，会感到自己是被重视的，会感到自己的存在有价值。然而，父母不应该停留在单纯地抱这种行为上，还应该看着婴儿的脸，多和他说话。

06 教孩子有规矩的方法①

不要压制孩子的好奇心和探求心

“教孩子有规矩”是让孩子“理解社会规则，知道正确的行为举止”的教育。但是，在现实中，很多时候都是父母将自己的兴趣爱好强加给孩子，父母把自己对“好孩子”的理解作为教孩子有规矩

的标准，强行控制孩子。

有的父母为了让孩子学会忍耐，不给出生后几个月的孩子其所需要的东西。其实，6个月的孩子不需要学会忍耐，这种忍耐也没有意义，只不过是父母从自己的角度出发的自私的假设而已。另外，父母也不需要对孩子的淘气过于愤怒。孩子的淘气行为是他成长发育阶段中的一个重要表现，父母应该支持孩子这种积极的探索行为。淘气也是孩子好奇心和探求心的表现，父母不应该单纯地否定它。

教孩子有规矩要根据孩子的年龄段做出不同的教育行为，父母首先应了解该年龄段的特点。

在孩子 2 岁以前，父母要教孩子彻底明白“做某事很危险”“这是危险的行为”，要让孩子知道什么是危险的淘气行为和危险的游戏。比如，在厨房玩的时候，父母要告诉孩子不能拿剪子和刀等危险的东西。

当孩子长到 3 岁左右，开始玩玩具，但经常把玩具拿出来后却不主动放回去。有些父母就会大声斥责孩子：“收拾干净！”其实，这是父母不想收拾而斥责孩子。

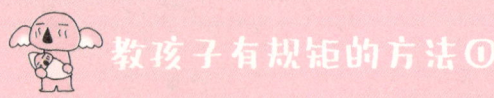

因此，父母不能只想着方便，而要和孩子一起玩耍、一起收拾，并养成习惯。孩子看着父母这样做，自然慢慢地就会收拾了，这一点十分重要。

教育孩子时，父母需要让孩子明白“被斥责”的理由。有时父母会说：“你哥哥会做，为什么你不会？”这样很不好，最好不要把孩子和任何人做比较。父母长期斥责孩子，孩子长大后会学会看别人脸色行事。

07 教孩子有规矩的方法②

对不同年龄段的孩子采取不同的教育方式

教育孩子最基本的目标是让孩子理解“为什么不行”“为什么要做”。人是具有行为逻辑的动物，感觉到对自己不利，他会停止去做，如果没有感觉到对自己有利，任何事情他都不会长久坚持的。父母应该针对不同年龄段的孩子采取不同的教育方式。

1 岁的孩子

这个年龄段的孩子，并不知道哪些事该做、哪些事不该做。父母向这个阶段的孩子灌输社会规则以及行为规范是没有任何意义的。但是，如果涉及危险的事情，

父母一定要彻底阻止孩子去做。电源插座、刀具、炉子等危险的东西，要尽量放在孩子碰不到的地方。

孩子有时吃饭时会用手抓，弄得到处都是。为了防止孩子对“吃”这种行为产生厌恶感，父母最好不要因此斥责孩子。用手抓饭会促进孩子手指触觉的发展，之后，他们会学会使用筷子和勺子的。

对晚上不愿意睡觉的孩子，父母最好通过读绘本、讲故事哄他入睡，要让孩子形成顺应每天生活习惯的作息节奏。

2岁的孩子

这个年龄段的孩子开始能够区别“好”和“不好”。

教孩子有规矩的方法②

这个时期，孩子的依赖性和自立性并存，是不太好管的时期。妈妈会很急躁，忍不住就会发脾气。但是，希望妈妈不要情绪化地发脾气，而要告诉孩子哪些事不能做，并且告诉他不能做的理由。

这个时期，孩子开始挑食。父母不要强制要求孩子吃他不愿意吃的东西，强迫孩子反而会使他更不喜欢吃某种东西，以后他有可能会彻底不吃这种东西。父母应该从让孩子感到“吃饭的快乐”的角度引导孩子。比如，父母可以带孩子去野外吃烧烤，或者去不同的地方吃饭等，有时候换个环境，孩子也许就会吃平时不爱吃的东西。还有，对于晚上不愿意睡觉的孩子，父母可以通过调整孩子午睡时间的方法来调整其睡眠时间。

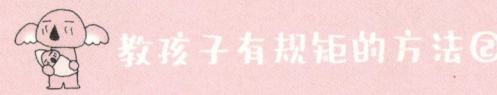

3 岁的孩子

这个时期，孩子开始学会与父母互动。但是，孩子并不是全部都明白其中的意义，父母应[illegible]孩子做事。

即使孩子还用不好筷[illegible]母也不要过多地责备他，以后再去矫[illegible]外，孩子无法早睡早起，很大程度上[illegible]节奏有关。这种情况下，父母最好也[illegible]睡早起，养成好的生活习惯。

08 不要批评，要表扬

经常被斥责会伤害孩子的自尊

抢夺小朋友的玩具、把果汁洒得到处都是，孩子会任性地做出各种事情。人们往往认为“孩子做了坏事，父母生气是必然的”。

通常人们认为“守规矩、老实的孩子”就是

“好孩子”。

可是，3岁以下的孩子，并不是要“做坏事去难为某一个人”，只不过是不知道什么是“坏事”而已。孩子并不知道自己为什么会被斥责，如果总是被斥责，孩子就会畏畏缩缩，长大后会成为价值感和自尊心较弱的人。

自尊心较弱的孩子，会很介意别人的看法，总是看父母的脸色，努力去回应父母的期待，成为“气量小”的孩子，甚至还会认为自己不值得被爱，产生孤独感。

相反地，经常被表扬的孩子，会感到自己的周围充满爱，会形成积极、乐观的性格。

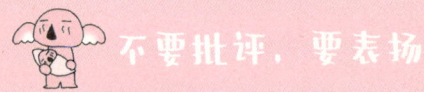

当孩子对朋友做了不好的事情或者做了一些危险的事情，在教育他时，父母必须向孩子说明他哪个地方做错了，而不能情绪化地去斥责孩子，更不能用“你完蛋了”这种话，去否定孩子的性格和人格。

民俗学者的调查表明，在过去，父母不太会斥责孩子。如果孩子对别人做错了事情，父母会自己领着孩子向对方认错，孩子看到父母这样做，就会懂得“是我做

错了，应该向人家道歉”。另外，父母尽量不要对孩子说“不行”等否定的话，可以说“我们试着这样做一下吧”“你可以做得很好啊”。

自尊心强的孩子比较自信，不会介意别人对自己的评论。自尊心和所谓的“尊严”不是一回事，自尊心强是精神安定的基础。

09 肯定孩子的行为，能帮助孩子进步

表达自己的心情，肯定孩子的行为

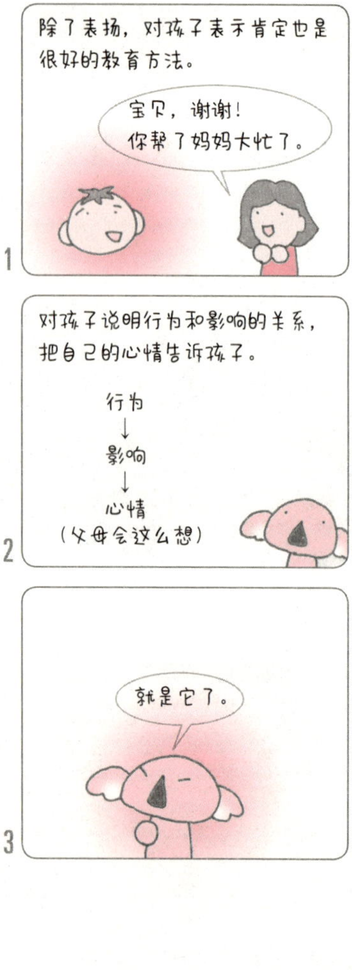

上一节我们说了，不要斥责孩子，要表扬孩子。但是，表扬过头也不是一件好事。在育儿过程中，父母往往会矫枉过正。过度表扬孩子，也会产生不好的影响。孩子做点什么就会得到表扬，他

就会希望得到更多表扬，因此形成一种“求表扬”压力，最终变成每做一件事情都是为了得到表扬的人。

在育儿过程中，还有一种不表扬也能帮助孩子成长的方法。这是不是与“表扬促进成长”相反的论调呢？其实不然，除了表扬，肯定孩子也是非常重要的。

肯定孩子的行为，能帮助孩子进步

“表扬”的语句，往往是“你很了不起，收拾得很好！”“真了不起！”“真是好孩子！”而“肯定”则是“你收拾得真好，谢谢你！”“你帮了妈妈的大忙！”父母把自己高兴的心情告诉孩子，来肯定孩子的价值。这样的肯定可以使孩子知道自己的行为给对方提供了帮助、使对方感到快乐，从而感受到自己的价值，同时明白了让他人高兴是很重要的。

此外，“得到肯定”也会使孩子提升与人交流的能力。被肯定的孩子，会经常做出让别人舒服的行为，自己也会因此感到快乐。

这种交流方式的基础源于“**明确肯定**”。

这是尊重自己的情感、尊重对方的情感的一种重要的交流方式。

明确肯定

明确肯定是尊重自己的情感、尊重对方的情感的一种重要的交流方式。在这种交流方式下，人不会过度地看别人的脸色，可以发表自己的观点、接受别人的观点，是一种使人们的心相互靠拢的思维方式。

10 孩子总说“不”“不行”，父母怎么办

解读孩子的第一个叛逆期

孩子到了 2 岁左右，无论父母和他说什么，他都会回答“不行”“不喜欢”。父母给他洗澡，他会说“不洗”，给他换衣服，他会说“不换”。这种态度是这个时期孩子的特点，这一时期被称作

“第一个叛逆期”。人们甚至会把这个时期的孩子叫作“魔鬼2岁孩”。

对父母采取反抗态度，是孩子想要表达处于萌芽中的自我主张的行为，自此孩子开始明白父母是区别于他自己的另外存在的个体。从表面上看，也许父母会认为“反抗”是因为“孩子太任性”，但是从本质上看，这是孩子“学会了表达自我”，是一件值得高兴的事情，因此，父母不应该认为这种反抗是不好的。

很多父母都会有“孩子应该听父母的指令、听父母的话”的意识。这种意识强的父母，在看到孩子表达自我主张时甚至会生气。孩子开始认识到父母是不同的个体，而父母却没有理解这一点。

这时候，父母不要以权威压制孩子的主张，要尊重孩子。在孩子不愿意洗澡时，父母不要说“快去洗澡！”而应该说“你还想玩儿吧？可是洗澡会很舒服呀！”父母要把洗澡也会有乐趣、会很舒服的信息传递给孩子。

父母还可以这样哄孩子：“洗完澡我们喝香香茶！”“和妈妈一起收拾好玩具之后，妈妈给你读绘本。”父母应该告诉孩子做某件事快乐的和好的结果。但同时父母也要注意，不要形成用某物诱惑孩子而让孩子听话的习惯。

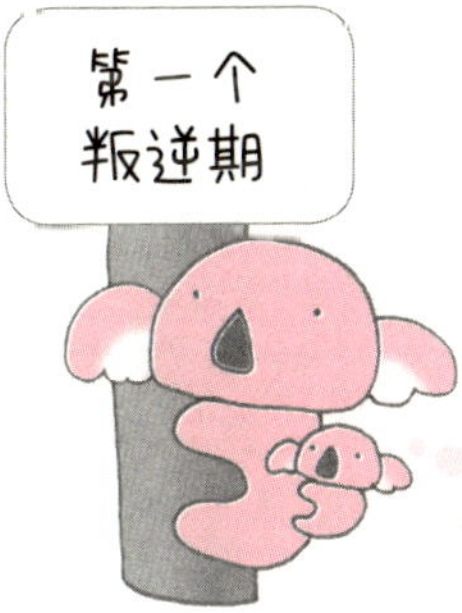

第一个叛逆期是孩子到了2岁左右出现的叛逆期，这一时期孩子不论遇到什么事情都会说“不”。父母不要生气地使用命令的语言“你必须做”等，最好使用“如果……我们就……吧”“下次我们再……吧”这样商量的语气，不要轻易去否定孩子的主张。第二个叛逆期是在孩子青春期出现的。

电视对孩子有百害而无一利吗

孩子与电视相处的正确方法

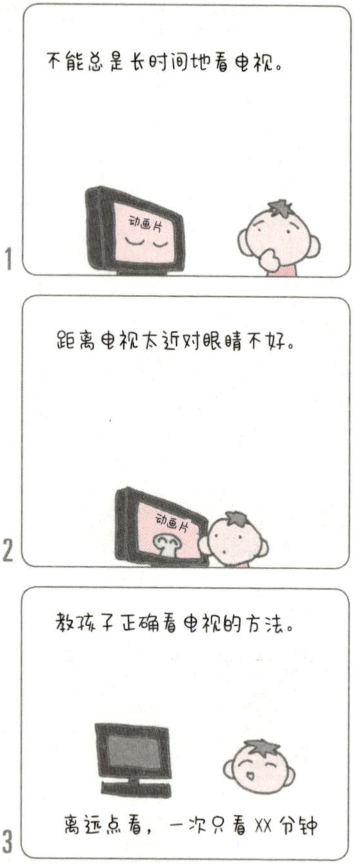

人们在许多场合常会听到“让孩子看电视不好”的说法。但是，对于电视、电子产品已经成为生活的一部分、与其共存的现代人来说，即使是为了孩子，也没法过远离电视和电子产品的生活。

许多家庭都会将看电视或使用电子产品看影音节目作为轻松的娱乐手段。但是，电视、电脑和电子产品的屏幕会发射出对眼睛有害的紫外线和电磁波等，长时间近距离地看屏幕，有可能导致人视力下降，以及眼睛疲劳或患干眼症。

专家建议，看电视时人最好距离电视2米以上，并打开房间的照明灯。父母不要让孩子长时间连续看电视，最好规定“一次最多看 30 分钟，一天看电视的总时长限制在 1 个小时以内。”

但是，父母不能只给孩子定规矩，也要改变自己经常看电视和电子产品的生活方式。长时间看电视不仅对人的眼睛不好，还会使父母与孩子对话和交流的时间变少，造成孩子语言能力发展迟缓。一个美国的研究小组对 8 个月至 16 个月的婴幼儿做了一项语言能力发展测试，结果表明，长时间看儿童节目的婴幼儿的语言能力发展水平较低。

许多育儿书都在说看电视对孩子不好。但是，我们不能单纯认为“都是电视的错”，而要改变父母沉溺于看电视、玩手机的生活方式。

IT眼疾

IT眼疾是指人们因长时间使用电视或者电脑等电子设备，或者因为电子设备使用不当而出现的眼睛疾病和视力异常情况。人们在聚精会神地看电视时，因眨眼的次数减少而易造成眼睛充血，或因眼部干燥而出现干眼症。

12 孩子喜欢的玩具

哪些玩具有助于提高孩子的智力

促进孩子的智力发展，玩具扮演着非常重要的角色。

1

给孩子买各种形状的积木。

2

给孩子看各种颜色的玩具。

3

在孩子的智力发展过程中，玩具十分重要，孩子从玩玩具中可以学到很多东西。现在玩具的种类太多，父母会困惑于应该选择哪些玩具。其实，父母不需要给孩子买很多玩具，最好选择可以让孩子

开动脑筋、长时间玩的玩具。孩子会根据自己的发育阶段选择适合自己的玩具去玩。

1. 原木积木

积木可以锻炼孩子抓、摆、堆、排等手部动作，促进手的基本动作能力的发展。有的孩子太小，会用嘴去舔积木，所以父母最好选择安全的不涂色原木积木让孩子玩。

同时，接触原木对培养孩子的情操也十分有利。玩积木可以促进孩子的大脑发育、促进孩子进行思考。随着年龄的增长，孩子还可以想出各种玩法，所以，积木是一种非常有意思、有意义的玩具。

2. 色彩鲜艳的玩具

除了原木玩具以外，父母最好准备一些红色、蓝色、绿色、黄色、橘黄色等颜色鲜艳的玩具给孩子玩。与暗色相比，婴幼儿时期的孩子比较喜欢鲜艳的颜色。观察各种颜色，可以促进孩子大脑视觉皮层的发育，可以让孩子在识别形状的同时识别颜色。如果父母想给孩子买拼图玩具，最好选能够拼成动物或者交通工具图案的拼图，孩子会更喜欢。

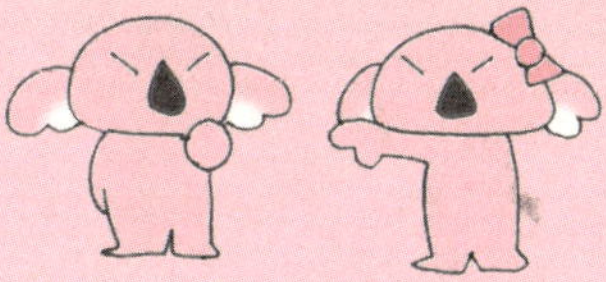

3. 提高运动能力的玩具

为了让孩子在户外充分运动，父母应该给孩子准备一些能够提高运动能力的玩具，比如，可以在家里备一个球类玩具，以促进孩子的运动能力提高。

搭积木和玩拼图等是婴幼儿通过锻炼感觉器官进行学习的原点。从手指的训练开始，再到五官锻炼，玩具可以促进婴幼儿大脑发育。父母不要给孩子买很多种类的玩具，只需要买一些能够长时间玩的玩具即可。

13 孩子为什么喜欢火车

孩子为什么会被火车迷住

日本万代玩具公司做了一项针对孩子的问卷调查，其中有一个问题是："你喜欢哪种交通工具？"不论男孩女孩，孩子们的答案中出现次数最多的是"火车"。不同年龄的女孩会喜欢不同的交通工具，而男孩则不论处在什么年龄段都喜欢火车。下面，我们来解释一下为什么孩子喜欢火车。

1. 会动、有震撼感的火车

看到真实的火车，孩子们都会爱上，因为那个庞然大物冲过来时带来的震撼感和轰鸣声带来的恐惧和心跳的感觉，完完全全地征服了孩子们。孩子们喜欢蒸汽机

车发出的轰鸣声、喜欢冒着滚滚黑烟的庞然大物，也是出于这种心跳的感觉。此外，由于荷尔蒙的影响，孩子们更喜欢成体系、有动感的东西，这也是他们特别喜欢规律地行驶在轨道上的火车的原因之一。

2. 有节奏感的火车

孩子们喜欢火车还因为火车有容易模仿的节奏。在描述火车的声音时，人们常常使用“咣当”这个拟声词来形容，孩子们也会被这种“咣当咣当”的声音的节奏感迷住。孩子们喜欢单调、重复的音乐。火车通过道口时发出“咣咣”的重复的高音，孩子们容易记住，也容易模仿。

3. 长着脸的火车

孩子大都喜欢“脸”，在很小的时候就会对人脸做出反应。许多火车和汽车为了安全和更受大家的喜爱，会在车体上画一些图案。与人脸相似的图案更容易受瞩目，更容易给人留下印象。孩子们尤其喜欢有模仿脸部的图案的火车和汽车等。从这个意义上来说，“火车头托马斯”真的是一个非常优秀的设计图案。

4. 促进收藏欲望的玩具

玩具火车非常受欢迎，让孩子们产生拥有和收藏的欲望，他们在收集到各种各样的火车玩具后会获得喜悦感和充实感，在收集到一定数量的火车玩具后会产生“继续收集”的愿望。

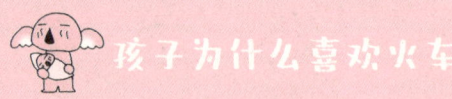

5. 可连接在一起的火车玩具

男孩子普遍喜欢成体系的东西。对于男孩子来说，可以连接在一起的火车更加具有吸引力。自己把很多辆车连接成长长的一列，按照规则运行在轨道上，他们会感到非常快乐。虽然快乐的程度因人而异，但喜欢火车的孩子，都会喜欢这种可连接的火车。

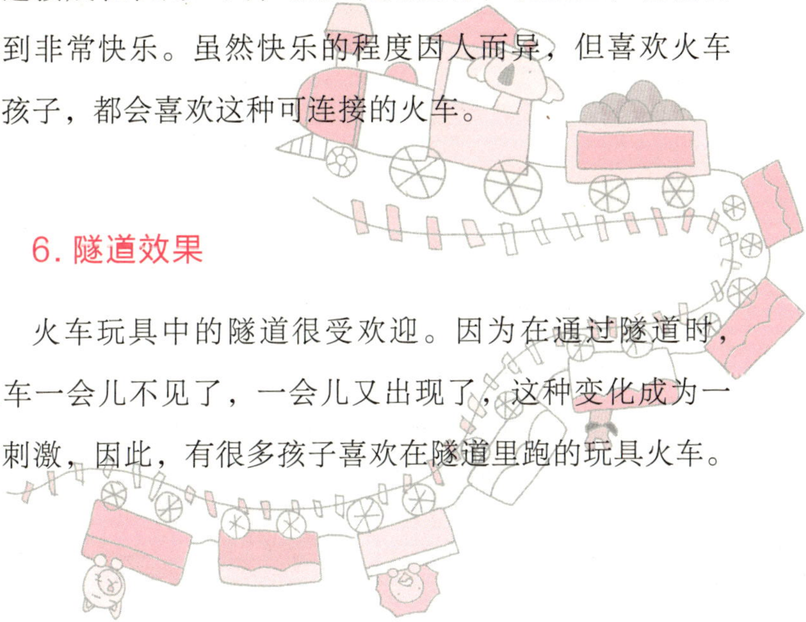

6. 隧道效果

火车玩具中的隧道很受欢迎。因为在通过隧道时，火车一会儿不见了，一会儿又出现了，这种变化成为一种刺激，因此，有很多孩子喜欢在隧道里跑的玩具火车。

14 应该把孩子的房间装饰成什么颜色

培养孩子的感性与知性气质的颜色

孩子稍微长大一些后，父母会给孩子准备独立的房间，也会在客厅给孩子留出一块玩耍的地方。建议父母用蓝色或米色系装饰物来统一房间的颜色，比如淡蓝色或米色的壁纸、窗帘、床单等，主要

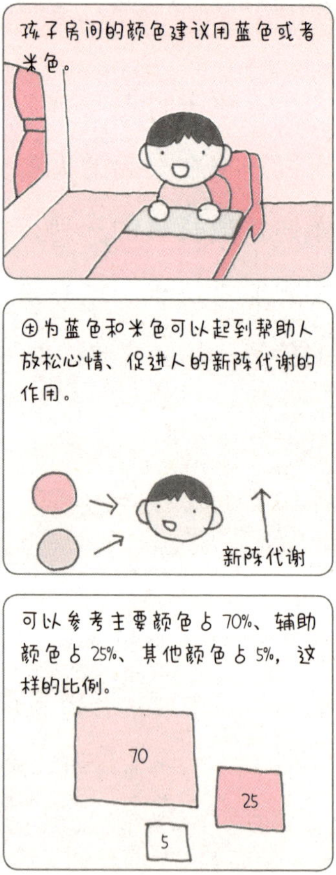

1 2 3

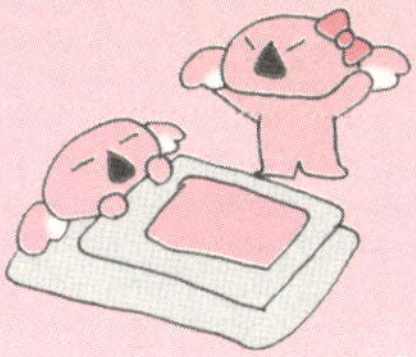

颜色最好占70%左右。

蓝色和米色可以促进人的新陈代谢，帮助人放松心情入睡，有让人的身体慢慢进入休息状态的作用。但是，如果所有颜色都用蓝色或米色，会有一种冷的感觉，最好不要过度使用，可以加入紫色、粉色、白色、绿色等柔和的颜色。只要用得好，暖色对孩子也有好处。有这样的例子：小学校舍的壁纸被涂成橘黄色后，孩子们会更加友好地相处。还有这样的例子：把监狱的墙壁涂成粉色后，犯人之间的争斗减少，犯人变得更和气。

壁纸可以使用无底色或者有抽象的图案的。与汽车和飞机等有非常明确的图案的壁纸相比，无底色或者有不可思议的图案的壁纸，会让孩子有更丰富的想象力。

孩子使用的桌椅以及书架等，最好用有木纹的，这样能促进孩子忠实地、丰富地表达自己的情感，能陶冶孩子的情操。装饰孩子的房间时，父母最好不要使用类似办公桌的灰色那样的冷色。

选择主照明光源时，父母要尽量避免单调地使用荧

光灯。有数据表明，长时间使用荧光灯，人会无精打采、情绪不稳定。当然，自然光是最理想的，孩子的房间在设计上应尽量采用自然光。为了提高睡眠质量，父母要让孩子养成关灯睡觉的习惯。

70-25-5 定律

在进行孩子的房间的颜色布局和颜色配合时，最好采用 70–25–5 定律。这是让人感到非常舒服的颜色配比，即主色占 70%，辅助色占 25%，强调色占 5%，这样的颜色配比在视觉上比较协调。

15 培养孩子知性气质的音乐教育

解读孩子的发育与音乐教育的关系

演奏音乐对培养孩子的知性气质有一定的作用。
1
孩子参与其中会更有效果。
2
在家里听巴赫创作的音乐。
3

听音乐可以培养孩子的知性气质。1993年，英国的科学类期刊《自然》刊登了以“听莫扎特创作的音乐可以提高智力”为主题的文章。之后，“莫扎特效果”成为热门话题。然而，人们做

了很多实验，并没有找到相关的证据。同时，在受过音乐教育和没有受过音乐教育的孩子的智力比较实验中，我们发现，受过音乐教育和没有受过音乐教育的孩子的智力仅有细微差别，并没有很大差别。音乐的确对孩子的大脑发育有一定的影响，但不能期待它能产生更大的作用。有人期待“听音乐能立竿见影地培养孩子的知性气质”，其实这是不太可能的。

一般来说，演奏乐器、唱歌等接触音乐的行为会刺激大脑的活动，提高用脑的效果。孩子可以在演唱中学会表现自己，提高积极性和感受力。有研究表明，对于尚未学会说话的孩子或语言能力发展迟缓的孩子，父母可以用孩子喜欢的歌曲的节奏，将周围的事物和孩子的名字编成歌词唱给孩子听，这样，孩子会比较容易理解歌词，从而加快语言能力发展。

父母可以用音乐培养孩子的节奏感，孩子随着音乐节奏手舞足蹈，通过积极地接触音乐陶冶情操、增

强乐感。父母还可以让孩子随着钢琴伴奏随心所欲地跳舞，只要孩子能够快乐地去做就很好。

节奏教育是瑞士音乐家达尔克罗兹开发的音乐教育方法。通过听钢琴演奏或者其他音乐的形式来对孩子进行音乐教育，不仅能培养孩子的乐感，还可以提高孩子的专注力和表达能力等，能增强孩子的思考能力和自立能力。

16 超前教育的可行性和危害性①

解读超前教育的可行性

如何在孩子很小的时候有效地激活孩子的天赋，是父母非常感兴趣的话题。如果教育方法得当，孩子的运动、阅读、语言、认知等能力都会有飞跃性的提高。

在日本，有“3 岁神童”的说法。因为孩子的性格在 3 岁前基本形成，因此，人们希望孩子在好的环境中受到好的引导，成为好孩子。可是，这毕竟只是愿望而已，并不现实，但还是有许多人相信。提倡超前教育的书都是根据科学事实加以美好的解释，来说明对 3 岁孩子进行超前教育的有效性的。人在母语的学习上有“临界期”的说法，指的是过了某个年龄，人学习语言会存在一定的困难，这种说法也助长了超前教育的风气。

有很多医生和科学家指出过超前教育的危险性。很多专家认为，超前教育非但没有价值，反而对孩子有害。

这就造成了父母的困惑，父母不知道究竟哪种说法是正确的，超前教育到底好不好。

我们现在就对超前教育下定论还有些困难，因为两种观点都缺乏科学依据。赞成派会拿出许多典型事例来试图说服大家，而否定派只是在推测超前教育的风险。

事实上，超前教育确实有一定的效果，但危害也很大。关键是否在于超前教育的具体方法呢？下面，我们来分析一下超前教育的可行性和危害性，以及父母的心理。

超前教育的可行性和危害性①

1. 超前教育可以提高孩子的基础能力

为了增强孩子的求知欲和好奇心，父母在孩子具有很强的吸收能力的幼儿时期开始进行教育，可以使孩子的能力飞跃性地提高。有的 2 岁孩子可以做 3 位数以上的加减法，可以很轻松地做约分计算。孩子的语言学习速度也很快，可以轻松地记住很多东西。还有一些刺激孩子竞争心理、提高孩子运动能力的方法，可以提高孩子的各种能力。如果经过超前教育直接进入小学，孩子的学习成绩将会领先，这样可以增强孩子的自尊心和学习的欲望。从小就接触竞争环境的孩子，长大后精神力量会很强大。

2. 超前教育可以提高父母的身份认同感

超前教育还有一个让人意想不到的效果，这个效果不是体现在孩子身上，而是体现在父母身上。父母会为做了对孩子有益的事情而感到满足，从而获得身份认同感。在超前教育中，孩子身上发生的巨大变化会给父母带来一种巨大的成就感。

17 超前教育的可行性和危害性②

解读超前教育的危害性

1. 孩子承受巨大压力

超前教育最大的危害莫过于造成孩子心理方面的问题。父母的初衷是促进孩子更好、更快地成长，因此他们认为自己并不是在强迫孩子学习，而是在热情地给孩子进行超前教育。有这种心态的父母，在无形中会变本加厉地追求更好的超前教育效果。

于是，孩子就要看父母的脸色，而父母则会被“一定要有好的结果”的想法所支配。长此以往，孩子就会形成看父母脸色的习惯，长大了也无法很好地表达自己的真实想法。

主营超前教育的机构的宣传册里会列出超前教育的优点，介绍接受超前教育的孩子的成绩以及认知能力提高的例子。可是，这些事例并不能证明超前教育有效果。100 个孩子中可能会有几个出类拔萃的孩子，父母最好对接受超前教育的孩子和没有接受超前教育的孩子有多大的差别进行全面评估。父母还要洞悉商业宣传的实质，不要盲目地认同媒体宣传的内容，这样才不会盲目认为孩子“能够做到”而逼迫孩子去做。

2. 孩子的选择余地变小

有时候，因为成绩名列前茅，孩子会非常快乐地持续学习，形成好的循环。人们会认为孩子发展的可能性被提高了。其实，事实并非如此。一个人的特定能力提高了以后，他未来可能就只能在那个领域奋斗了。比如，很多运动能力强的孩子，不论自己是否真正喜欢，都会成为职业运动员。但是，这可能并不是孩子希望选择的职业。结果，孩子不能做自己喜欢的事，也无法拥有自己想要的人生。

3. 孩子变得无法承受失败

孩子可以通过反复失败而学到很多东西。在婴幼儿时期，即使失败，他还在父母的庇护之下，被允许反复失败。可是，超前教育是成功者的轨道，上了这个轨道的孩子，会在不懂得什么是失败的状态下长大。在成功之上只能成功，不允许失败。录取分数线高的初中和高中的老师们指出，接受过超前教育的孩子，无法承受失败。

遇到挫折时，很多孩子没有应对的办法，会非常困惑。在失败的时候，很多孩子会因为感到对不起父母而自责。

4. 孩子丧失共情能力

过度地接受超前教育，孩子理解他人心情的“**共情能力**”会大大降低，或者过于考虑他人的感受，搞不清楚人与人之间的距离。这在人际关系上是一个大问题。

我们既不提倡超前教育，也不完全否定超前教育。超前教育在提高孩子能力的同时，也会产生危害。让孩子接受超前教育时，父母肯定会期待效果，不自觉地就会强迫孩子。父母应该让孩子快乐地挑战各种学习任务，我们在受益于超前教育的好处的同时，也要了解超前教育的危害性。

专栏4

父母一时控制不住脾气斥责了孩子之后，应该如何补救呢

妈妈也是自己父母的孩子，她也知道不应该情绪化地斥责孩子，但有时候还是会不讲道理地斥责孩子，之后也会后悔，这时候应该怎么办呢？斥责是否会给孩子造成心理创伤呢？

据说，孩子在受到父母不讲道理的斥责后，都会记住。越是这样，父母越应该向孩子道歉。记忆是伴随语言系统的发展被保存在人的大脑中的。父母最好详细地向孩子说明自己发火的理由，让孩子将不好的记忆转化为好的记忆。即使成年人之间碍于面子不习惯道歉，但是在孩子面前父母最好不要强撑面子。

最后，我们从处于育儿阶段的父母的角度，探讨一下为了给孩子提供一个好的家庭环境，爸爸和妈妈应该注意哪些事情，以及妈妈应该如何建立和利用朋友圈。

4

第四章

有益于父母成长的育儿心理学

01 对养育男孩感到不安的妈妈

初次养育男孩的妈妈应该注意什么

爱吵闹、乱放东西、不爱干净，有时还会摸自己的“小鸡鸡”，男孩的这些行为令妈妈感到不理解，妈妈对养育男孩感到不安，甚至失去信心。

对于妈妈来说，最大的问题莫过于“自己没有

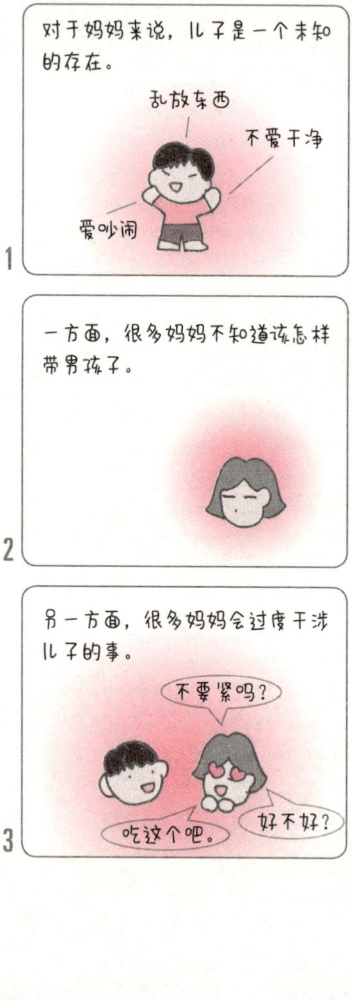

带过男孩”。如果生的是女孩，妈妈可以从自己的经验中找到“这种时候，应该这样”的感觉，可是妈妈对男孩的行为和思考方式却一无所知。

一般来说，男孩和女孩的行为方式有很多不同之处，这些不同一部分源于大脑结构的差异，一部分源于成长过程中获得的经验的差异。

对养育男孩感到不安的妈妈

与女孩相比，男孩大脑中的**多巴胺**分泌更旺盛，因此男孩更具有攻击性倾向。男孩专注力比女孩差也有这方面的原因。

即使男孩出现令妈妈无法理解的行为，妈妈也不必过度敏感，只需观察和守护。因为男孩与妈妈的思维方式不同，妈妈不理解其行为也很正常。如果实在担心，妈妈可以与家有男孩的父母多交流，征求一下他们的意见。

男孩中爱撒娇的孩子比较多，妈妈娇惯男孩往往会过度，最后转变为过度干涉。

父母的过度干涉会造成孩子的过度依赖，或者使孩子变得神经质。父母没有必要在孩子摔倒了还没有哭出

来之前，就去把他抱起来。

父母对孩子的过度干涉行为，很多时候自己并没有意识到，因此父母最好经常冷静地回顾一下自己的行为，或者询问其他人自己做得是否正确。

期间限定

妈妈过度干涉儿子生活的原因之一，就是认为“儿子总要离开自己，他也就是现在撒撒娇”，认为儿子在自己身边的时间是有限的。人们往往更容易对被限定在一定时期之内才能做的事情去付诸行动，甚至会出现过度的行为，这是一种“机不可失”的心理在起作用。

02 环保育儿法

育儿时要特别注重环境保护

大多数父母都会考虑孩子的未来，与此同时，父母是否也应该考虑一下当孩子长大之后，地球环境会变成什么样呢？

对孩子和地球环境有好处的事，很多人都愿意

1
孩子出生后，父母会更加关心环境问题。
2
不知不觉会去考虑孩子的未来。
3
对，对。
环保非常重要。

花钱、花时间去做。育儿不仅需要理论，更需要实践。下面，我们来介绍一些既简单又环保的育儿好方法。

1. 不要扔旧衣服

孩子长得很快，衣服很快就会变小，不能再穿。衣服不能穿了，家里没有地方放，扔了又觉得可惜。

父母可以把长裤剪短，改成短裤，还可以把 2 件小了的衣服接起来变成一件。父母可以在衣服脏了的地方缝上一个带图案的布贴，做成自家孩子独此一件的美衣。小孩子喜爱的衣物大多数是有个性的，这样独此一件的衣服会成为孩子的宝贝。

父母还可以在幼儿园或者亲子中心组织跳蚤市场或衣物交换大会，这样，旧衣物就可以得到有效利用了。

2. 买能够长期使用的玩具

给孩子选玩具时，父母不应该仅仅考虑玩具的玩法，还要考虑玩具是否可以增强孩子的想象力、是否能够变着法儿玩。与从孩子的角度设计的玩具相比，孩子可能

更喜欢父母日常使用的和有实用性的物品。父母不用的东西、捡来的小石头，或者植物的果实等，都足以成为孩子的玩具。

3. 选择对身体有益的食品

现在媒体都在宣传有机食品的好处，有机食品和有机衣物对人的身体有好处，也不会破坏生态环境、不会污染土壤，有助于保护地球环境。但事实上，如果我们把生活中所有的消耗品都换成有机的，则会产生巨额的开支。此外，研究发现，草莓、桃子、梨等水果中残留的农药很多，对于孩子们经常吃的食物，父母最好优先选用无机的。

4. 减少使用化学物质

洗涤剂、洗发水中含有具有去油脂作用的合成表面活性剂，这是一种化学物质，与肥皂的表面活性剂相比，更不容易被微生物降解。但由于其用量少，去污力强，所以用的人较多。希望父母能出于环保的考虑，尽量减少使用这些化学物质，特别是要考虑这些物质对孩子皮肤的影响。这些物质残留在皮肤上，容易破坏皮肤的正常屏障，从而伤害皮肤。在洗衣服、洗手、洗澡时，父母应该教孩子先用冷水或者热水把脏东西冲掉，最小量地使用洗涤用品，在使用后一定要冲洗干净。

家用清洁剂中也有大量的化学物质，在不得不使

用时，我们最好使用不伤身体的碱或者柠檬酸，而且其价格低廉，不会造成经济负担。

5. 减少垃圾产生量

为了减少垃圾的产生量，我们提倡大家购买能够长期使用的商品，吃不完的东西不要多买，不要过度包装，不使用商场的塑料袋。很多人都在为减少个人垃圾产生量而努力。

垃圾中大约37%是厨余垃圾，现在，日本很多地方政府都用发放补贴的方法，引导人们购买垃圾处理机或者将厨房的垃圾用于垃圾发电。

6. 减少用电

减少用电量能减少环境负荷，有利于环保。我们可以关上电视、放下手机，陪陪孩子，倾听孩子的倾诉，跟家人增加交流。

以往的经济增长方式很难与保护环境相适应。如今，全球都在提倡可持续性发展、建设人类与环境和谐统一的世界。期待孩子有光明的未来的父母，也应该参与这样的行动。

在育儿过程中，大多数人都会有一种怕麻烦的心理，因此，为环保做一点事情，需要有精神力量来支撑。

保护环境，从减少垃圾产生量开始，让我们一起为环保而努力。

4R 理念

4R 是指减少垃圾产生量的 4 个行为理念：
拒绝不需要的物品 (Refuse)；
减量（Reduce）；
再利用（Reuse）；
再资源化（Recycle）。

03 爸爸如何快速抓住孩子的心

爸爸打开孩子心扉的技巧

对于婴幼儿来说，妈妈是“绝对安全”的一种存在，婴幼儿可以完全信任妈妈。相对而言，爸爸接触孩子的时间比较少，同时，孩子在幼儿园待的时间也有限，因此，孩子很难完全信任爸爸和幼儿园老师。

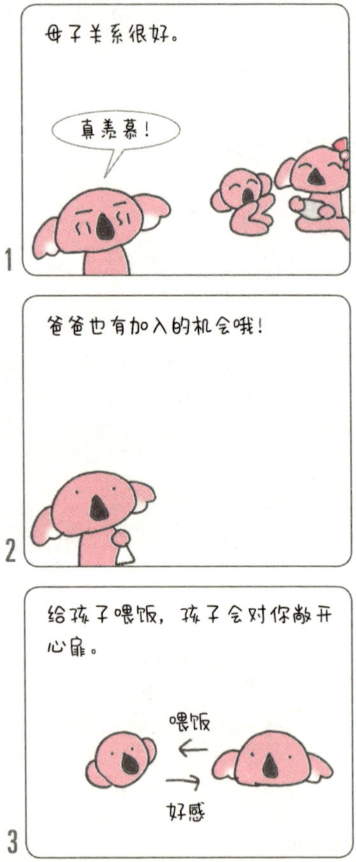

爸爸如何在短时间内知道孩子在想什么并获得孩子的信任呢？

建立信任关系需要一些时间和一定的交流，不是简单地就可以建立起来的。同时，建立信任关系的难度会受到孩子性格的影响，有些孩子可以很快地与人交流，但是有些孩子无法马上与人交流。

如果爸爸想要抓住孩

子的心，最可行的办法就是喂孩子吃饭。

午餐技巧，即边吃饭边聊天，容易令人们彼此产生好感。人们总是对为自己提供快乐和满足感的人抱有好感。

这种效应在婴儿身上更为明显，因为成年人可以从很多事物中获得快乐，而婴儿却没有那么多可以引起快乐的东西。因此，婴儿容易对能使他满足“吃”这一本能的欲望的人打开心扉。

除了喂孩子吃饭，爸爸妈妈还可以问孩子“你怎么了？”“你要什么？”诸如此类的问题，积极地了解孩子的欲求、满足他的欲求，这是一种良好的亲子交流方

法。此外，婴儿还会对给他换纸尿裤、替他清理卫生的人以及和他一起玩、与他共享快乐的人有好感。当促进好感和信任的行为不断积累，孩子就会对父母打开心扉。

午餐技巧

午餐技巧是指人在吃东西时更容易被说服。因为食物会使人产生快乐感和满足感。在成年人的社会里，人们往往在建立人际关系时使用这种方法。婴儿没有太多其他娱乐方式，“吃”对于他们来说有着特殊的意义，因此“午餐技巧”对婴儿的效果十分显著。

04 抑制妈妈焦躁感的颜色魔法

使妈妈变温柔的粉色

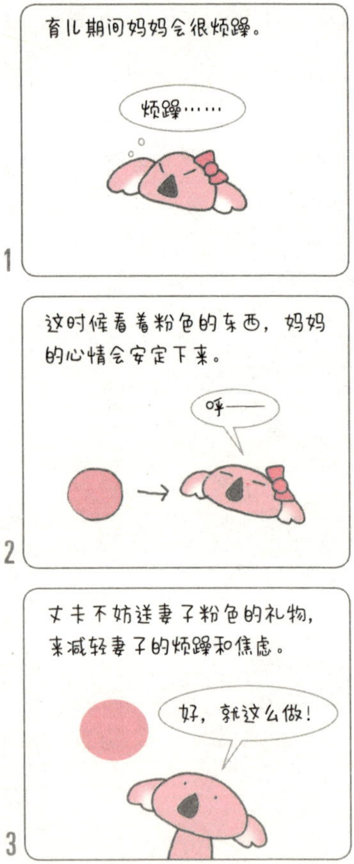

没有自己带过孩子的女性可能没有这种体会——孩子不听话、丈夫不帮忙，人会变得特别焦躁。

这种时候，使用粉色的物品可以减轻妈妈的焦

躁感，使妈妈放松心情。

颜色有影响人的感觉、改变人的心情的效果。粉色是女性比较喜欢的颜色之一，人们发现，在育儿过程中，妈妈多穿粉色的衣服、多用粉色的物品，会减轻焦躁感。粉色还可以使人肌肉松弛、心情放松。粉色对父母和孩子而言都是一种幸福色。

抑制妈妈焦躁感的颜色魔法

粉色的心理暗示作用很强。前文讲过这样的案例——监狱里犯人之间争斗不断，工人把监狱墙壁的颜色涂成粉色以后，犯人之间打架的现象减少了。

另外，粉色可以刺激内分泌系统，是一种可以使人“变年轻”的颜色。使用粉色，无论精神还是身体，人都会变得“年轻”。

当然，我们没有必要把房间全涂成粉色，也没有必要所有的东西都用粉色的。过度地使用粉色会适得其反，可以将生活中用到的所有物品的颜色的 20%~30% 设定为粉色（理想的协调配比因人而异，尤其是对于职场女性来说，粉色对她们的治愈效果有时候并不那么理

想）。此外，丈夫偶尔给妻子买个粉色的礼物，会使家庭更加和睦。

颜色会给人带来心理影响，会影响人的性格倾向，对两者关系的研究表明，喜欢粉色的人有情绪稳定、和平主义的性格倾向；喜欢淡粉色的人很高雅、擅长关心人；喜欢深粉色的人很活泼、很热情。

05 家庭和睦与妈妈的好心态

建立良好的夫妻关系，妻子应该注意什么

有了孩子，有的家庭更加和睦了。
1

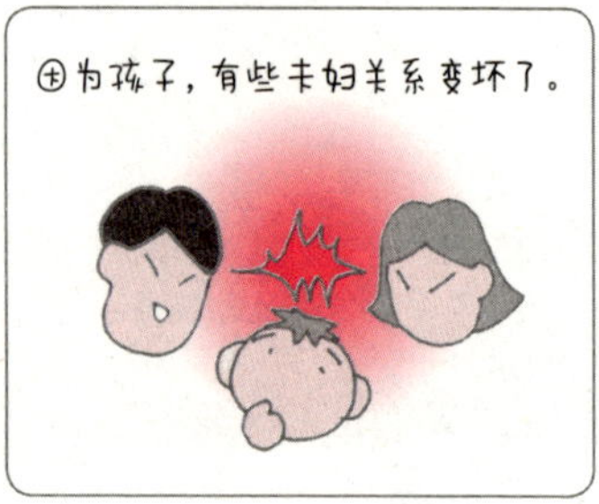
因为孩子，有些夫妇关系变坏了。
2

妻子要把心里想的说出来，不要憋在心里。
怎么这样……
3

孩子出生后，有些家庭夫妻关系变好了，也有些家庭夫妻关系变差了。

很多妻子都会对丈夫不满，觉得“我怎么变成保姆了？”“我不只是孩子的妈妈，也是他的妻子啊。”“他一点儿都不管孩

子，我受够了！”如何较好地维护夫妻关系、保持家庭的美满呢？作为妻子和妈妈的女性应该怎样做呢？

1. 把你的期待说出来

育儿是重体力劳动。在此期间，妻子肯定有希望丈夫做的事情。可是，即使夫妻关系非常亲密，妻子还是有不愿意张口求助的时候，而希望丈夫主动来帮助自己，可是，很多做丈夫的很难察觉妻子的想法。

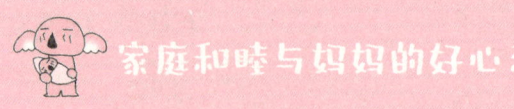

这就出现了期待与结果的落差，有时妻子会因此对丈夫失去信任。事实上，男人就是比较难察觉和体会他人的心情。

在结婚后，妻子心中会存在一种“即使不说丈夫也会知道我的想法”的幻想。但其实如果妻子对丈夫期待什么，最好的沟通方式就是说出来。而且，说的方式也很重要。妻子不要急躁地说，最好笑脸相对，还要找一个适合说出来的时机。妻子可以做一张“家庭分工表”。在希望丈夫做事的时候，最好不要认为那是“作为丈夫应该做的”，要将感谢的心情传达给丈夫，这也是管理丈

夫的一个好方法。男人很多时候会很在意别人对他的评价。作为妻子，即使有点儿刻意，也要对丈夫表达感谢、进行表扬，这样，你的丈夫会更加努力地去做事。

2. 让丈夫参与育儿

在生完孩子之后，妻子马上就会有做妈妈的感觉，而丈夫产生做爸爸的感觉却会滞后很久。有时候，妻子会对丈夫“不为人父”的行为感到焦躁。“孩子在哭，他却在看电视。”“一直以自己为中心，只做自己喜欢的事情。”这样的丈夫很多，对于在外工作的男性来说，家是放松的场所，回到家里，他们往往会忘掉一切，专心考虑自己的事情。然而，对于育儿期的女性来说，家就是职场。在育儿过程中，让妈妈忘掉一切、放松心情是很困难的。因此，妻子看到这样自由放松的丈夫就会很生气。尽管如此，妻子也不要轻易地否定自己的丈夫，而应该对自己给丈夫创造了这样宽松的环境给予肯定。同时，最好让丈夫很好地参与到育儿中来。妻子可以和丈夫一起参加社区的亲子活动等，多结交一些家庭情况相似的朋友。在家庭之间的交流中，做丈夫的也可以尽情地抱怨，释放压力。妻子还可以和丈夫带上孩子一起去参加以家庭为单位的聚会或旅行等，让丈夫拥有当爸爸的感觉。

3. 表扬丈夫

其实，丈夫是在妻子看不到的地方辛苦付出的。在职场中遇到冲突，尽管丈夫内心并不愿意，也得向对方

低头道歉，还要忍耐不讲道理的上司，他们也在为家庭付出。其实，做妻子的不需要特别做些什么，只需要说一声“谢谢你每天辛苦工作”就可以了，这一句话就足以让丈夫去努力工作了。在妻子看来，丈夫给孩子洗澡时一定是很笨拙的，但做妻子的千万不要说“你应该这样做，你应该那样做……”而应该说“咦，你挺能干的呀！不过，换一种方法就更好了！”其实，男人是非常单纯的，只要妻子满怀期待地和他对话，那么，他一定会为了回应妻子的期待去努力。大多数情况下，妻子夸他、对他表示期待，他会做得更好！

4.“偷工减料”很重要

生第一个孩子时，妈妈会追求理想的育儿方式和结果，会觉得这个也必须做，那个也必须做，但你毕竟是一个人，总会有实现不了的事情。所以，不要过于追求理想，在可以“偷工减料”的地方，就应该“偷工减料”。比如，你想费力做出理想的断奶辅助食品，而努力的结果却是你用非常急躁的心情去对待孩子，这就没有意义、适得其反了。

如果与孩子祖父母的住处离得比较近，在必要时新手妈妈也可以依靠老人。你可以将孩子交给老人照顾一下，自己去逛商场、健身，放松一下心情。此外，你还可以主动地和丈夫聊一些孩子以外的话题，给自己一点儿空间，以保证能够快乐地育儿。

SVR 理论

SVR 理论是心理学家默斯特因提出的恋爱模式，他认为两个人从相识到结婚，分为三个阶段。S 阶段为吸引刺激阶段（Stimulus），两人受到对方外表、行为、性格等吸引刺激；进入 V 阶段（Value），两人认可对方的价值观，发展为恋人；进入 R 阶段（Role），两人作用分工、角色互补，成为夫妻。夫妻要在家务、工作等方面进行分工，互助互补。

06 夫妻关系与爸爸的育儿心理

建立良好的夫妻关系，丈夫应该注意什么

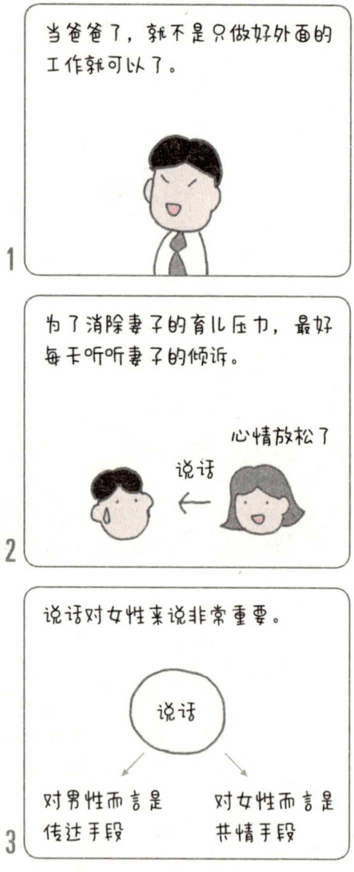

很多丈夫会发现，生了孩子后，妻子变了。很多时候，丈夫感觉妻子事事都优先孩子，自己被降到次要地位，觉得自己被妻子疏远了。还有一些做丈夫的明显感到妻子态度冷淡，夫妻之间的对话减

少。为了建立良好的家庭关系，做丈夫的应该怎么做呢？

1. 静听妻子的倾诉

女性的聊天内容往往是有关朋友的事情、为什么生气等。男性有时会觉得女性说话很无聊。女性基本上是通过和他人说话来消除自己没有被满足的欲求的。当妻子说“好像谁做了什么”的时候，男性不要觉得无聊，要尽量认真地听妻子说完。

孩子身上每天都会发生变化，昨天还不会的事情，今天就会做了。当妻子说到“孩子今天会挥手了”这样琐碎的事情时，做丈夫的最好与妻子产生共鸣：“喔，宝宝真了不起！”

另外，妻子也不要只是把自己的感受单方面地倾诉给丈夫，在传递方法上和内容上，要尽量让对方感到“有意思”和“有意义”。

男性往往把对话作为传递信息的一种手段，而对于

女性来说，对话可能还有另外一层意思，请理解男女在这方面的差异。

2. 听话听到最后

倾听对方说话很重要，而且不仅要倾听，听的方式和态度也非常重要。丈夫在对话中途最好不要插嘴，不要发表意见，要让妻子自由地把话说完。

男性总是会在女性遇到困难时建议“你应该这样做”，这样男性会感到自己有用，会产生被依赖的感觉。

可是，女性却很少给男性提出建议，只会在男性问

"怎么办才好"时提出意见。

丈夫要有认真听妻子说话的姿态，千万别忘了附和妻子说话的内容，并提出一些问题。最好每天花几分钟时间，放下报纸，静听妻子的倾诉。

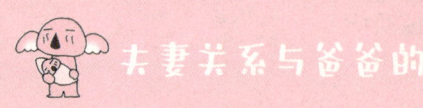

3. 肌肤亲近很重要

夫妻之间的肌肤亲近非常重要。男性如果不愿意亲近，可以给妻子做做按摩。

女性往往希望有一种被重视的感觉，因此，做丈夫的要常常顾及妻子的感觉，要关心她在想什么。丈夫可以经常问妻子"感觉怎么样""冷不冷"等，妻子知道自

己被关心就会很安心。

夫妻千万不要忘了两个人的纪念日或伴侣的生日、孩子的活动日等。很多夫妻都会因为伴侣不记得这些日子而失去对伴侣的信任。

4. 把感谢的心情表达出来

男性的身体里有工作和休息的“切换开关”，回到家里以后，他会关闭工作的开关，忘掉工作。可是，孩子小的时候，男性回到家里想好好休息，却很难做到。这时候希望做丈夫的考虑一下妻子的心情。女性没有这种“切换开关”，尽管看上去很放松，但实际上女性会不自觉地考虑家务和孩子的事情。

对于妻子的付出，做丈夫的要把感谢的话说出来，这是十分重要的。

如果“谢谢”两个字说不出口，丈夫可以买些小礼物送给妻子。在纪念日以外的时候，丈夫可以买鲜花送给妻子。

单一任务

在夫妻双方都想拉近距离，可是改善关系并不容易的时候，建议使用“单一任务”的方法。刷锅、洗碗、叠纸等单一任务，能够刺激大脑内血清素的分泌，血清素有使人冷静的作用，可以使人体谅对方的心情、朝前看。

07 妈妈的育儿朋友圈

处境相同的妈妈们更容易亲近彼此

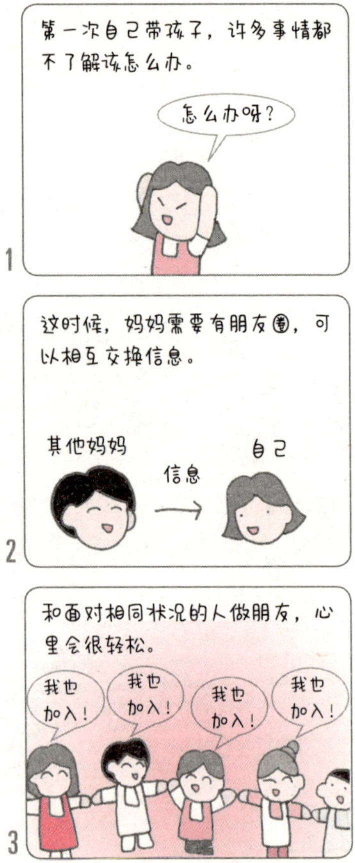

对于处于育儿阶段的妈妈来说，有一个朋友圈是十分重要的，新手妈妈特别需要有面临相同状况的朋友。在育儿这样艰苦的工作中，遇到困难时没人商量，会让很多妈妈在精神上承受不住。育儿这

项工作可不是仅因为孩子非常可爱，妈妈就可以简单胜任的。

现在，很多社区以孕妇为对象举办了妈妈课堂。表面上是对妊娠以及育儿问题进行咨询，而实际上，在这里准妈妈们会互相结识、热烈交流，这对日后她们生孩子、育儿都会有很大的帮助。妈妈们应该尽可能地积极参加这些活动，不善于交流的妈妈不妨让丈夫陪着去参加。

其实，并不是参加了这些活动就一定可以马上交到朋友。很多情况下，妈妈们想和坐在身边的人说话，但因为是初次见面而不好意思张口。

不善于交流的妈妈可以去找与自己相似的人交朋友，比如可以主动与看上去和自己年龄相仿的人搭话，可以跟同为职场女性的准妈妈交流对休产假的担心等，也可以寻找有相同兴趣或职业的人去交流。

人会对与自己相似的人抱有好感，这是“**相似性原**

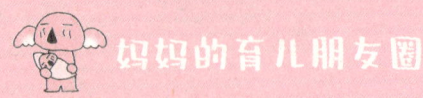

则”在起作用。两个人如果有许多共同点，则很容易成为朋友。大家一起努力、一起照顾孩子，会使关系更加亲密。

相似性原则是指兴趣爱好和习惯等比较相似的人容易建立良好关系的心理学理论。妈妈的朋友圈子、爸爸的朋友圈子，由于大家同样都在抚养孩子，有着相似性，所以可以一下子建立良好的关系。不过，有些人会错过建立关系的时机。建议父母积极地参加社区举办的各种活动，积极地交朋友。

结束语

本书汇集了婴幼儿发展心理学的基本内容，从不同角度对孩子不可思议的行为以及父母在育儿过程中担心的问题进行了论述。同时，我们在本书的理论基础——发展心理学的基础上，加入了脑科学等的研究内容。本书没有单纯地停留在理论表述上，而是参考了育儿第一线人员的实际经验。

育儿虽然辛苦，但也是一种非常珍贵的人生体验。我们力求将本书写成兼具趣味性和科学性的育儿参考书。希望这本书能够成为育儿中的父母以及与育儿无关，只是单纯对孩子的行为感兴趣的人都喜欢阅读的一本书，

也希望本书能够成为我们关心孩子成长的一个契机，为孩子的健康发育和父母的快乐育儿提供帮助。

最后，我们对为本书的编写提供协助的幼儿园、儿童医院的有关人员，以及孩子的父母表达深深的谢意。

木瓜制造

参考文献

本书参考了以下文献中的相关内容，有兴趣的读者在阅读本书后可以继续阅读这些内容。

初级篇

★『赤ちゃんと脳科学』/小西行郎著（2003年/集英社）

★『赤ちゃん学を知っていますか？』/産経新聞「新・赤ちゃん学」取材班著（2006年/新潮社）

『手にとるように発達心理学がわかる本』/小野寺敦子著（2009年/かんき出版）

『性格心理学がとってもよくわかる本』/瀧本孝雄著（2008年/東京書店）

『図解雑学　性格心理学』/清水弘司著（2004年/ナツメ社）

『マンガでわかる心理学』／ポーポー・ポロダクション著（2008年／ソフトバンククリエイティブ）

『色の秘密』／野村順一著（1994年／ネスコ、文藝春秋）

『共感する脳』／有田秀穂著（2009年／PHP研究所）

『子どもはなぜ電車が好きなのか』／弘田陽介著（2011年／冬弓舎）

『だから、男と女はすれ違う』／NHKスペシャル取材班 水野重理、他著（2009年／ダイヤモンド社）

『ニューズウィーク日本版　SPECIAL EDITION 0歳からの教育　2010年版』／（2009年／阪急コミュニケーションズ）

★『AERA with Baby　スペシャル保存版　0歳からの子育てバイブル』／（2008年／朝日新聞出版）

参考文献

『AERA with Baby　スペシャル保存版　0 歳からの子育てバイブル（知育編）』/（2009 年 / 朝日新聞出版）

『AERA with Baby　2011 年 4 月号』/（2011 年 / 朝日新聞出版）

中级篇

★『赤ちゃんには世界がどう見えるか』/ ダフニ&チャールズ・マウラ著、吉田利子訳（1992 年 / 草思社）

『赤ちゃんは顔をよむ』/ 山口真美著（2003 年 / 紀伊國屋書店）

『子どもの脳の発達　臨界期・敏感期』/ 榊原洋一著（2004 年 / 講談社）

『性格とはなんだったのか』/ 渡邉芳之著（2010 年 / 新曜社）

『保育講座　児童心理学４』／山口雅史著（1998年／日本学芸協会）

『児童心理学　保育試験ガイドブック４』（1998年／日本学芸協会）

『教育と医学　2009年12月号』／教育と医学の会編集（2009年／慶應義塾大学出版会）